南海及邻域海洋地质系列丛书

南海及邻域海洋地质灾害

陈泓君 李学杰 孙美静 等 著

科学出版社

北 京

内 容 简 介

本书系"南海海域1∶100万海洋区域地质调查成果集成与应用研究"项目系列成果"南海及邻域海洋地质系列丛书"的海洋灾害地质学部分。本书从地球系统动力学的理论和方法论出发，根据近10年来广州海洋地质调查局在南海及邻域开展的1∶100万海洋区域地质调查及编图的基础上，以丰富的实测数据、图表和最新的资料成果和研究方法，阐述了我国南海及邻域地质灾害学概念、地质灾害特征（地质灾害类型、时空分布、危害及区划）以及分布规律，并提出了地质灾害防治措施与建议。

本书可以为科研院所、大专院校从事海洋天然气勘探开发、深海工程和海洋探测的工作者以及相关专业研究人员提供参考，还可为沿海省市政府决策层和地质、石油工业、地理、地震、环境、国土、海洋生态等部门提供基础资料和参考。

审图号：GS京（2022）1536号

图书在版编目（CIP）数据

南海及邻域海洋地质灾害/陈泓君等著. —北京：科学出版社，2023.9

（南海及邻域海洋地质系列丛书）

ISBN 978-7-03-075463-9

Ⅰ. ①南⋯ Ⅱ. ①陈⋯ Ⅲ. ①南海-海域-自然灾害-研究 Ⅳ. ①P73

中国版本图书馆 CIP 数据核字（2023）第 074542 号

责任编辑：韦 沁 崔 妍/责任校对：韩 杨
责任印制：吴兆东/封面设计：中煤地西安地图制印有限公司

科 学 出 版 社 出版

北京东黄城根北街 16 号
邮政编码：100717
http://www.sciencep.com

北京中科印刷有限公司印刷

科学出版社发行 各地新华书店经销

*

2023 年 9 月第 一 版 开本：889×1194 1/16
2024 年 4 月第二次印刷 印张：12
字数：291 000

定价：188.00 元
（如有印装质量问题，我社负责调换）

"南海及邻域海洋地质系列丛书"编委会

指导委员会

主　任：李金发

副主任：徐学义　叶建良　许振强

成　员：张海啟　肖桂义　秦绪文　伍光英　张光学　赵洪伟

　　　　石显耀　邱海峻　李建国　张汉泉　郭洪周　吕文超

咨询委员会

主　任：李廷栋

副主任：金庆焕　侯增谦　李家彪

成　员（按姓氏笔画排序）：

　　　　朱伟林　任纪舜　刘守全　孙　珍　孙卫东　杨经绥

　　　　杨胜雄　李三忠　李春峰　吴时国　张培震　林　间

　　　　徐义刚　高　锐　黄永样　谢树成　解习农　翦知湣

　　　　潘桂棠

编纂委员会

主　编：李学杰

副主编：杨楚鹏　姚永坚　高红芳　陈泓君　罗伟东　张江勇

成　员：钟和贤　彭学超　孙美静　徐子英　周　娇　胡小三

　　　　郭丽华　祝　嵩　赵　利　王　哲　聂　鑫　田成静

　　　　李　波　李　刚　韩艳飞　唐江浪　李　顺　李　涛

　　　　陈家乐　熊量莉　鞠　东　伊善堂　朱荣伟　黄永健

　　　　陈　芳　廖志良　刘胜旋　文鹏飞　关永贤　顾　昶

　　　　耿雪樵　张伙带　孙桂华　蔡观强　吴峧岐　崔　娟

　　　　李　越　刘松峰　杜文波　黄　磊　黄文凯

作者名单

陈泓君　　李学杰　　孙美静　　胡小三

杜文波　　聂　鑫　　伊善堂　　罗伟东

祝　嵩　　黄　磊　　徐子英　　王　哲

鞠　东　　汪　俊　　韩　冰　　黄文星

丛 书 序

华夏文明历史上是由北向南发展的，海洋的开发也不例外。当秦始皇、曹操"东临碣石"的时候，遥远的南海不过是蛮荒之地。虽然秦汉年代在岭南一带就已经设有南海郡，我们真正进入南海水域还是近千年以来的事。阳江岸外的沉船"南海一号"，和近来在北部陆坡1500 m深处发现的明代沉船，都见证了南宋和明朝海上丝绸之路的盛况。那时候最强的海军也在中国，15世纪初郑和下西洋的船队雄冠全球。

然而16世纪的"大航海时期"扭转了历史的车轮，到19世纪中国的大陆文明在欧洲海洋文明前败下阵来，沦为半殖民地。20世纪，尽管我国在第二次世界大战之后已经收回了南海诸岛的主权，可最早来探索南海深水的还是西方的船只。20世纪70年代在联合国"国际海洋考察十年（International Decade of Ocean Exploration，IDOE）"的框架下，美国船在南海深水区进行了地球物理和沉积地貌的调查，接着又有多个发达国家的船只来南海考察。截至十年前，至少有过16个国际航次，在南海200多个站位钻取岩心或者沉积柱状样。我国自己在南海的地质调查，基本上是改革开放以来的事。

我国海洋地质的早期工作，是在建国后以石油勘探为重点发展起来的，同样也是由北向南先在渤海取得突破，到1970年才开始调查南海，然而南海很快就成为我国深海地质的主战场。1976年，在广州成立的南海地质调查指挥部，到1989年改名为广州海洋地质调查局（简称广海局），正式挑起了我国海洋地质，尤其是深海地质基础调查的重担，开启了南海地质的系统工作。

南海1∶100万比例尺的区域地质调查，是广海局完成的一件有深远意义的重大业绩。调查范围覆盖了南海全部深水区，在长达20年的时间里，近千名科技人员使用10余艘调查船舶和百余套调查设备，完成了惊人数量的海上工作，包括30多万千米的测深剖面，各长10多万千米的重、磁和地震测量，以及2000多站位的地质取样，史无前例地对一个深水盆地进行全面系统的地质调查。现在摆在你面前的"南海及邻域海洋地质系列丛书"，包括其整套的专著和图件，就是这桩伟大工程的盈枝硕果。

近二十年来，南海经历了学术上的黄金时期。我国"建设海洋强国"，无论深海技术或者深海科学，都以南海作为重点。从载人深潜到深海潜标，从海底地震长期观测到大洋钻探，种种新手段都应用在南海深水。在资源勘探方面，深海油气和天然气水合物都取得了突破；在科学研究方面，"南海深部计划"胜利完成，作为我国最大规模的海洋基础研究，赢得了南海深海科学的主导权。今天的南海，已经在世界边缘海的深海研究中脱颖而出，面临的题目是如何在已有进展的基础上再创辉煌，更上层楼。

多年前我们说过，背靠亚洲面向太平洋的南海，是世界最大的大陆和最大的大洋之间，一个最大的边缘海。经过这些年的研究之后，现在可以说的更加明确：欧亚非大陆是板块运动新一代超级大陆的雏形，西太平洋是古老超级大洋板块运动的终端。介于这两者之间的南海，无论海底下的地质构造，还是海底上的沉积记录，都有可能成为海洋地质新观点的突破口。

就板块学说而言，当年大西洋海底扩张的研究，揭示了超级大陆聚合崩解的旋回，从而撰写了威尔逊旋回的上集；现在西太平洋俯冲带，是两亿年来大洋板片埋葬的坟场，因而也是超级大洋演变历史的档案库。如果以南海为抓手，揭示大洋板块的俯冲历史，那就有可能续写威尔逊旋回的下集。至于深海沉积，那是记录千万年气候变化的史书，而南海深海沉积的质量在西太平洋名列前茅。当今流行的古气候学从第四纪冰期旋回入手，建立了以冰盖演变为基础的米兰科维奇学说，然而二十多年来南海的研究已经发现，地质历史上气候演变的驱动力主要来自低纬而不是高纬过程，从而对传统的学说提出了挑战，亟待作进一步的深入研究实现学术上的突破。

科学突破的基础是材料的积累，"南海及邻域海洋地质系列丛书"所汇总的海量材料，正是为实现这些学术突破准备了基础。当前世界上深海研究程度最高的边缘海有三个：墨西哥湾、日本海和南海。三者相比，南海不仅面积最大、海水最深，而且深部过程的研究后来居上，只有南海的基底经过了大洋钻探，是唯一从裂谷到扩张，都已经取得深海地质证据的边缘海盆。相比之下，墨西哥湾厚逾万米的沉积层，阻挠了基底的钻探；而日本海封闭性太强、底层水温太低，限制了深海沉积的信息量。

总之，科学突破的桅杆已经在南海升出水面，只要我们继续攀登、再上层楼，南海势必将成为边缘海研究的国际典范，成为世界海洋科学的天然实验室，为海洋科学做出全球性的贡献。追今抚昔，回顾我国海洋地质几十年来的历程；鉴往知来，展望南海今后在世界学坛上的前景，笔者行文至此感慨万分。让我们在这里衷心祝贺"南海及邻域海洋地质系列丛书"的出版，祝愿多年来为南海调查做出贡献的同行们更上层楼，再铸辉煌！

中国科学院院士　汪品先

2023年6月8日

前　言

近几十年来，随着科学技术的进步和国民经济、社会的发展，人类活动范围从近岸逐渐延伸至浅海、深海，海洋工程也从海岸向陆架和陆坡深水区拓展。南海的科学考察和海上工程建设也日益活跃，在此形势下，广州海洋地质调查局在南海及邻域1∶100万海洋区域地质调查的基础上，系统总结南海及邻域的地质灾害特征和分布规律，撰写了《南海及邻域海洋地质灾害》一书。

本书旨在在了解南海及邻区地质灾害的基础上，分析地质灾害类型及特征，为我国海洋工程建设提供指导，为深海科学研究提供科学依据。

全书共分九章。第一章由陈泓君撰写，包括南海及邻域海洋灾害地质的基本概念、研究现状、海洋地质灾害类型划分、南海及邻域主要地形地貌和灾害地质特征；第二章由陈泓君、胡小三、黄磊撰写，介绍海底滑坡定义及分类、特征识别，南海海底滑坡分布特征及典型滑坡形成机制；第三章由聂鑫、伊善堂、罗伟东、孙美静、胡小三、祝嵩撰写，重点介绍海底峡谷定义及分类、峡谷特征识别和主要海底峡谷分布特征成因；第四章由陈泓君、胡小三撰写，介绍海底沙波的分类和主要特征；第五章由罗伟东、胡小三、祝嵩、黄文星撰写，阐述海底麻坑的分类、特征和发育规律；第六章由陈泓君、胡小三、杜文波撰写，介绍古河道分布特征及危害；第七章由陈泓君、鞠东、黄文星撰写，介绍浅层气概念及主要特征和危害性；第八章由徐子英、王哲、鞠东、汪俊、韩冰撰写，介绍活动断层概念以及地震活动分布特征；第九章由陈泓君撰写，介绍研究区内的地质灾害分区及灾害分区稳定性评价、地质灾害主要监测手段及防治建议。

在本项目的研究过程中，张光学、杨胜雄、周昌范、张训华、刘守全等教授（研究员）通过年度报告评审的形式，提出了许多宝贵意见。在本书编写过程中，十分感谢中山大学陈国能教授，中国海洋大学贾永刚教授，青岛海洋工程勘察设计研究院刘乐军研究员，中国科学院南海海洋研究所詹文欢研究员、孙杰研究员等专家的指导和帮助。本书出版得到了中国地质调查局项目的资助。由于作者学识和能力有限，疏漏在所难免，请见谅并指正。

著　者

2022年3月于广州

目　录

第 / 一 / 章

绪　论

第一节 海洋地质灾害概念

1976 年，国际工程地质与环境协会（International Association of Engineering Geology，IAEG）主席阿尔努（M. Arnould）教授在发表的《地质灾害——保险和立法及技术对策》一文中提出了"地质灾害"（geological hazard）一词，他把滑坡、崩塌、泥石流、地震灾害看成是一种地质灾害。地质灾害一词英文共有三种表达方式：geological disaster、geological hazard和geo-hazard。地质灾害是作为自然灾害的一种被提出来的（刘守全等，2000），是由于各种地质作用（自然的、人为的或综合的）使地质环境发生变化（突发或渐进的），对社会、财产和人类生命和生态环境造成危害，并造成人类生命财产损失和破坏的现象和过程（夏东兴等，1993；柳源，1999；廖育民，2003）。地质灾害是自然灾害之一，是由地质因素引起的自然灾害，其致灾因子是地质因素。它表述了受灾单元遭受致灾因子的作用，从而构成灾害这样一个完整的概念（李烈荣，2000）。

海洋地质灾害是指海底或海岸带在内外动力作用下发生地质体的移动或变形造成的灾害，及其可能造成的对海洋工程设施和工程环境灾难性的损害（杨子赓，2000）。海洋地质灾害也是自然灾害的一种，是海洋产业发展中危害最大的一种灾害。

海洋灾害地质因素是指海洋中已经导致灾害发生的，或者潜在的可能导致灾害危险的地质因素，包括某些地质体、地质作用或地质现象等，如地震、浅断层、海底滑坡、浅层气、活动沙波、麻坑等。有些灾害是多种成因的，如滑坡可以由地震引起，也可以由风暴对海底沉积物作用产生。麻坑的形成可能与海底埋藏的天然气或沼气的外溢有关，也可能形成于高速沉积环境中的孔隙水外溢等。

海洋地质灾害从近岸、浅海到深水区，从陆架、陆坡到海盆区都有发育，不仅在海岸带和近岸浅水区发生，在深水区也有危及海上工程的海洋地质灾害存在（图1.1）。沿海地区是海洋和大陆交互作用地带，自然灾害种类多、频率高、破坏严重，主要有海平面上升、地面沉降、海水倒灌、河道淤积、地层失稳、海岸侵蚀、滑坡塌陷、土地盐渍化、地下水质变差以及断层活动、地震等地质灾害和相关的自然灾害（鲍才旺和姜玉坤，1999；郭炳火等，2004；夏真等，2005；李培英等，2007）。近海和浅水区主要发育海底滑坡、埋藏古河道、海底沙波、崩塌与塌陷、侵蚀沟槽、浅层气、峡谷及活动断层等地质灾害。深水海底浅层常常存在的滑坡、浅层气、天然气水合物、浅层（水）流、地震海啸等地质灾害，这些地质灾害会给油气钻探作业带来很大的风险和挑战（周波等，2012）。在深水油气开发工程前期，调查深水区域环境，识别、圈定各种地质灾害类型，分析其赋存环境和成因机制，评价各种地质灾害危险的规模和频次，成为关乎深海油气开发能否成功的关键（刘乐军等，2014）。

随着社会经济的发展，对海洋的开发和利用强度加大，人工岛建设、围填海、海洋钻井平台建设、海底管线铺设、海底构筑物建造等各种海洋工程受海底地质灾害的影响显著增加。若对潜在海洋地质灾害因素的重视不够和调查不充分，加上应急预案和安全管理等措施不到位，发生海洋地质灾害导致的危害会越来越大（陈东景等，2009，2010；王海平等，2016）。近年来，随着深水油气勘探开发的快速发展，涉及深水钻井安全的海洋地质灾害事件越来越多。

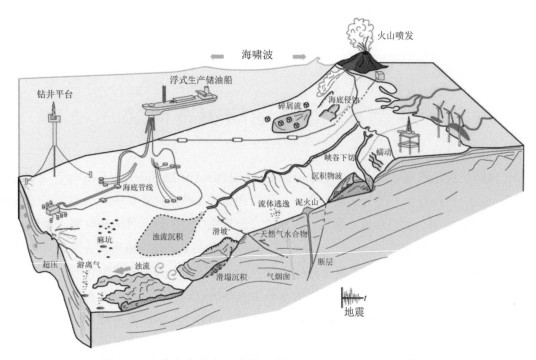

图1.1　海底灾害分布示意图（据Chiocci et al.，2011，修改）

本书根据大量实测资料与前人调查和研究成果，对南海陆架、陆坡、海盆及台湾东部海域普遍发育的海底滑坡、海底峡谷、海底沙波、麻坑、古河道、浅层气、活动断层及地震等主要地质灾害因素的分布规律做综合分析研究，为海洋区划和综合开发利用提供科学依据。

第二节　海洋地质灾害研究现状

一、国外海洋地质灾害研究

国外海洋地质灾害研究工作起步较早，欧洲各国、美国及加拿大等发达国家的小比例尺近海海底调查已基本完成。发达国家开展的海洋地质灾害研究工作重点已经转向针对特定地区（多为海上油气田、海底滑坡区与地震多发带等）和深海、半深海的高分辨率成图、建模与定量解释、风险评估与灾害预警等（赵广涛等，2011）。联合国在1987年通过决议，确定在20世纪最后十年开展"国际减轻自然灾害十年"活动。1991年，联合国国际减轻自然灾害十年（International Deeade for Natural Disaster Reduction，IDNDR）科技委员会提出了《国际减轻自然灾害十年的灾害预防、减少、减轻和环境保护纲要方案与目标》（PREEMPT），在规划的三项任务中的第一项就是进行灾害评估，把自然灾害评估纳为实现减灾目标的重要措施。一些国际组织提出了多项重大自然灾害评估的国际合作计划（马寅生等，2004）。

欧美国家21世纪初期或更早之前就联合完成了针对陆架滑坡稳定性的专项研究，如加拿大分别于1996年、1998年、2001年在斯科舍陆架塞布尔（Sable）岛砂质区开展了重复性多波束调查。加拿大地质调查局对获得的不同时期底形资料进行了比较研究，如沙波波脊的轨迹变化研究（李日辉，2003）。

加拿大海岸斜坡稳定性研究计划（Coastal Slope Stability-Canada，2000～2002年），对加拿大陆坡稳定性进行分区；查明天然气水合物及浅层气分布范围，为海底电缆、输油管线和海上钻井作业等浅海工程提供保障；了解陆架边缘海底断裂作用机制；建立陆架滑坡评估工具和方法（Locat and Lee，2002；Mienert，2004；刘乐军等，2004）。

欧洲大陆斜坡稳定性研究计划（Continental Slope Stability-Europe，2000～2004年）。该计划由挪威的特罗姆瑟大学、卑尔根大学和奥斯陆大学岩土研究所、法国海洋开发研究院、英国南安普敦海洋学中心、英国地质调查局、意大利海洋地质研究所、西班牙巴塞罗那大学等学校和机构联合完成。他们选取了欧洲10个典型区域进行研究，建立了已经发生或可能再次发生滑坡的地区的海底沉积物物理力学性质数据库，并对大陆边缘、河口三角洲和海湾在自然和人类活动作用下的海底斜坡稳定性进行了评价（Haflidason et al.，2001；Locat et al.，2001；Mienert，2004：刘乐军等，2004）。

英国自然环境研究理事会（Natural Environment Research Council，NERC）率先资助了2015～2018年由英国国家海洋中心（National Oceanographic Center）和美国蒙特雷水族馆研究所（Monterey Bay Aquarium Research Institute，MBARI）和美国地质调查局（United States Geological Survey，USGS）的科学家联合在蒙特雷（Monterey）峡谷进行的大型观测研究计划（Casalbore et al.，2011；Chiocci and Ridente，2011；徐景平，2014）。

位于挪威的国际地质灾害中心通过整合各方面有利资源（包括欧洲和美国的科研院所与石油工程公司），开展了海洋地质灾害研究项目，研究区以挪威海域为主，研究主要内容包括海底斜坡稳定性评价、大陆边缘海底斜坡潜在触发机制、浅层气与天然气水合物作用机制、地球物理探测方法及数据处理与成像等。例如，欧洲大陆边缘–欧洲被动大陆边缘的斜坡稳定性项目是在欧洲科学基金会的组织与支持下开展的。该项目的主要目标是探讨欧洲陆缘不同的地质背景下斜坡稳定性，范围从大西洋南欧陆缘河流作用沉积体系和地中海，一直到北冰洋斯瓦尔巴群岛以北的高纬度冰川作用陆缘。该项目主要包括海底地形和地貌图绘制、地质和岩土参数的相关性研究以及天然气水合物对地质特性的次要影响研究等内容（赵广涛等，2011）。

二、我国海洋地质灾害研究主要进展

我国对于海洋地质灾害的调查研究，是自20世纪80年代初期随着海洋油气的大规模勘探与开采逐渐发展起来的（叶银灿，2011），研究热点逐步由近海向深海延伸（刘杰等，2018）。前人针对海洋地质灾害的分类、特征、成因、危害及研究趋势进行了较为深入的研究，并取得了丰富的研究成果。

1986～1992年，我国在联合国开发计划署技术援助下，地矿部第二海洋地质调查大队首次对南海北部珠江口盆地东部油气区面积为8万km²、水深20～1000 m区域进行了大面积的区域性调查研究，创立了适合我国海域特点的先进技术路线和工作方法，共完成了九幅1：20万比例尺的系列图件，开展了区域性海底地质灾害及工程地质条件评价，查明南海北部的潜在地质灾害划分为两大类13种类型（寇养琦，1993b；冯志强等，1996）。

1985年以来，在广东省科学技术委员会青年科学基金和中国科学院南海海洋研究所资助下，前人对华南沿海地质灾害开展了研究工作。1996年，詹文欢等编写了《华南沿海地质灾害》一书，对韩江三角洲、珠江三角洲、漠阳江三角洲、电白近海、琼州海峡和珠江口盆地等典型地区的地质灾害进行详细的分析，重点论述了研究区地质灾害的形成条件、类型和发育规律，同时对华南沿海地质灾害的经济损失估算模型、综合评价以及防治对策进行了初步探讨（詹文欢等，1996）。

1997年，许东禹等编写了《中国近海地质》一书。在我国近海地质环境基础上，分析了各种地质灾害存在的因素，进行了区域稳定性分析和灾害地质分区的初步研究（许东禹等，1997）。

1997～2001年，国家海洋局组织实施了"我国专属经济区和大陆架勘测"国家重大科技专项，其中开展了地质灾害环境调查和评价工作。对南海、南黄海、东海及周边海域开展了系统地质灾害研究和综合评价，编制了1:250万黄东海、南海灾害地质图，并进行了海岸带灾害地质分类和中国海岸带灾害地质分区。

1998～2000年，广州海洋地质调查局开展了大亚湾近岸海洋地质环境的调查评价工作，通过综合地球物理调查（包括测深、旁侧声呐、浅地层剖面、单道地震等技术方法），查明了大亚湾近岸潜在的地质灾害类型及其分布特征。通过钻探及柱状样实验分析、静力触探，结合地形地貌、底质类型分布及潜在的地质灾害分布状况，进行了区域工程地质评价。项目首次对我国海岸带从空中、水体到海底以下100 m海洋地质环境与地质灾害进行立体调查，具明显的开拓性和示范效应。大亚湾近岸海洋地质环境与地质灾害调查项目是我国首次开展的1:10万海岸带地质环境及地质灾害综合评价，所采用方法的多样性和综合性超过以往任何调查项目，填补了这一领域的空白，具有示范性、开拓性和较强的实用性。为当地建设做出了重要贡献。

1998～2005年，广州海洋地质调查局开展了1:10万"珠江三角洲近岸海洋地质环境与地质灾害调查"，并编制了1:10万珠江口潜在地质灾害因素分布图。项目对珠江三角洲近岸水域的海水化学要素、环境质量、水动力、地形地貌、沉积物、浅地层结构、潜在地质灾害以及海底工程地质条件进行了综合分析与研究，对海洋地质环境进行了综合评价与预警，并对该区海洋开发和工程建设提出了建议（夏真等，2004；马胜中和陈太浩，2006）。

2001年，广州海洋地质调查局开展了1:10万"大鹏湾近岸海洋地质环境与地质灾害调查"项目，对大鹏湾海域地质灾害开展了调查和综合分析，进行了潜在地质灾害类型及其分布的综合研究工作，对大鹏湾的海洋地质环境进行了定量–半定量的综合评价（夏真等，2004）。

2002年，中国海洋大学开展的"中国海岸带灾害地质特征及其评价和趋势预测研究"项目编制了1:50万中国海岸带灾害地质图、中国海岸带地震峰值加速度区划图，并结合前人成果编制了中国海岸带地貌图。项目组开展海岸带灾害地质稳定性的区划研究，采用模糊综合评判方法对海岸带灾害地质稳定性进行了定量评价，在此基础上将我国海岸带灾害地质稳定性划分为五级，即基本稳定、较稳定、较不稳定、不稳定段和极不稳定岸段。

2003年，在广东省沿海地质环境与灾害防治研究项目和广东省优秀科技专著出版基金会资助下，谢先德等（2003）从地球系统动力学的理论和方法出发，用丰富的数据、图表和新颖的研究方法，阐述了海陆地质构造、地貌、沉积、岩土力学和表层地球化学环境、地质灾害等特征，开展了地质环境质量综合评价与地质灾害成因系统分析，介绍了地质灾害数据库和地理信息系统，提出了地质环境管理及地质灾害防治措施与建议。

2004年，郭炳火等（2004）对中国近海及邻近海域海洋环境的灾害地质开展了综合评价，具体研究内容包括灾害地质因素及环境背景分析、灾害地质类型及分布特征、灾害地质分区及海底稳定性综合评价以及海洋灾害与防灾减灾等。

2006～2010年，广州海洋地质调查局开展了北部湾广西近岸海洋地质环境与地质灾害调查，利用遥感、综合物探、地质取样、钻探、海流观测和海水取样等手段，对北部湾经济带的海洋地质环境与地质灾害开展综合调查，研究该经济带近岸海域海底地形、地貌、沉积物类型、浅地层结构与各土层的物理力学性质，分析海水化学特征（水污染），探讨重点区段海水动力条件及动力沉积作用，查明潜在的地质灾害类型和分布，预测地质环境变化，提出减灾防灾建议。

2006年，刘锡清等（2006）系统总结了我国海岸带和近海环境地质学调查成果，论述了我国海洋环境地质特征、存在的基本环境地质问题，以及地质灾害的成因机制、时空分布规律，对海岸带地质灾害与灾害地质因素、海岸带灾害地质因素类型和发育以及地质灾害概况和基本特征等展开了阐述。

2007年，李培英等（2007）分析了中国海岸带灾害地质特征，开展了海岸带灾害地质评价与预测研究，以及海岸带灾害地质典型案例研究等，同时还编制了八幅1∶50万比例尺的中国海岸带灾害地质图。

2009年2月，在南海珠江口盆地完成钻探的第一口评价井"荔湾3-1-2"，开启了我国深水油气勘探开发和深海地质灾害研究的新篇章（刘杰等，2018）。在国家重大科技专项的资助下，连续开展了荔湾3-1气田管道路由区和陆坡深水区（200～1800 m）的地质灾害风险评估，利用多种综合地球物理手段，进行地质灾害识别和圈定，对水深600～1500 m陆坡区土体的稳定性进行了重点研究，揭示了海底峡谷与峡谷内块体运动的相关机制，并评估了滑坡再发生风险（刘乐军等，2014；Xiu et al.，2015；修宗祥等，2016；Xu et al.，2018）。

2003～2012年，国家海洋局组织实施了"我国近海海洋综合调查与评价"专项（简称908专项），对我国管辖海域内所属海岛（礁）进行了调查，调查范围为内水、领海和领海以外部分海域，调查面积约为67.6万km²，其中领海调查面积约8.4万km²，领海外调查面积约29.5万km²。重点调查海域是我国沿岸大型三角洲、内水海湾、城市密集区海域和近岸重要海洋生态区。海洋灾害调查是该项目专项调查的主要内容，包括海岸侵蚀、海水入侵、土地盐渍化、湿地退化、海底滑坡、活动断层、地震、古河道砂体、浅层气等。灾害包括地质灾害等。

2012年，叶银灿等编写了《中国海洋灾害地质学》一书，该书是我国第一部海洋灾害地质学的专著，系统论述了海洋灾害地质学产生的历史背景以及取得的主要研究进展，提出了海洋灾害地质分类和海洋地质灾害的分类分级方案，重点对我国海域具有代表性的海洋灾害地质类型作了论述，包括各类海洋灾害地质的孕灾环境、灾变机制、发育规律和成灾过程、存在或潜在的危险性以及防治对策等。该研究成果系统地总结了我国海域主要灾害地质类型的分布规律与发育的基本特征，提出了我国海域灾害地质区划方案以及海洋地质灾害的灾情评估和风险分析方法（叶银灿等，2012）。

夏真等（2015）对珠江三角洲沿岸区域环境地质开展了综合研究，系统论述了珠江口八大口门新构造运动与潜在的地质灾害分布特征，进行了海底工程地质分区及工程地质条件评价，进行了环境综合指数预测，编制了环境预警图。

2014年，我国建立了海洋地质灾害数据库和信息系统，开展了地质灾害编图集成技术创新，首次编制了以海洋地质灾害为主图面要素的大型系列专题图组（共87幅），包括A0幅面的1∶50万中国海岸带和近海地质灾害图、地震震中与地震动区划图，1∶100万黄、东、南海油气资源区地质灾害与工程地质图等，全面系统地反映了我国海洋地质灾害的类型、分布及特征，圈定了我国海岸带和近海的地质灾害类型（海岸带35种、近海33种）；基本摸清了40余种的基本特征、规模、分布规律和致灾机理，掌握了海岸侵蚀、海水入侵、滨海湿地退化和海底土液化等典型灾害的现状、成灾条件和危害程度（李培英等，2014）。

2009～2017年，广州海洋地质调查局与德国波罗的海海洋研究所在北部湾开展了"南海北部湾全新世环境演变及人类活动影响研究"项目合作，开展了联合航次调查，查明了北部湾东部海域地形地貌以及潜在地质灾害类型和分布特征，开展了工程地质评价。该项目系统总结了中德项目合作研究成果，对北部湾潜在灾害地质因素进行了类型划分和分布特征研究，开展了区域工程地质条件地质分区和近岸海底工程地质条件评价（崔振昂等，2017）。

2007~2017年，"海洋地质保障工程"（729工程）在中国地质调查局组织实施下开展，广州海洋地质调查局完成了南海及邻域11个图幅的1∶100万海洋区域地质调查项目，实现南海海域基础地质调查全覆盖，并编制了相应的环境地质灾害因素图。

近10年来，世界深水油气勘探如火如荼，我国深水油气勘探与开发也取得了突飞猛进的发展，2019年，中国科学院深海科学与工程研究所、中国科学院海洋研究所深水地质灾害团队在南海深水地质灾害的阶段性研究成果和理论基础上，吴时国等（2019）分析了南海深水地质灾害的类型及特征，包括海底滑坡、天然气水合物灾害、浅层气灾害、浅水流灾害以及地震海啸等，系统地总结了国内外深水地质灾害方面的研究进展，分析了南海深水地质灾害类型、特征与形成机理。

第三节 海洋地质灾害类型划分

灾害地质学是一门边缘学科，海洋地质灾害至今尚没有一套统一的分类方法。1980年，国外学者对美国大西洋外陆架灾害地质因素进行了系统研究，将它们分为两种类型，一类是对海洋石油工程具有很大危险性的，如浅层高压天然气、活动断层、海底滑坡等；另一类是虽能产生危险，但采取措施即可减轻或避免损失的，如埋藏古河道、沙波等（Carpenter and Mcarthy，1980）。

海洋地质灾害与海洋地质构造、海底地形、人类活动等有关。李凡（1990）将地质灾害因素分为"地表灾害地质因素"和"地下灾害地质因素"两大类，然后根据危害性分为直接危险因素、潜在危险因素和直接障碍因素，优点是突出了灾害地质因素的性质和危害对象，缺点是未能反映出其间的内在联系和成因。陈俊仁（1996）在研究珠江口盆地灾害地质问题时，根据引发地质灾害的动力提出了灾害地质分类方案，即将引发地质灾害的动力分为水动力、气动力、土力学、重力、构造应力等类型，划分出稳定区（中陆架）、比较稳定区（外陆架）、比较不稳定区（内陆架）、不稳定区（陆坡）。这种分类具有理论上的系统性和严密性。该分类的优点是能反映出其间的内在联系和成因，具体评价了区域稳定性程度，缺点则是没有突出灾害地质因素的性质和危害对象。刘以宣等（1992）在研究华南沿海及近海时，拟定了灾害地质分类，根据引起地质灾害动力存在的圈层将动力分成岩石圈动力、大气圈动力、水圈动力和生物圈动力。这种分类追求理论上的系统性，实际上凡是地质灾害都是岩石圈本身或者是岩石圈与大气圈、水圈、生物圈相互作用的结果。冯志强等（1996）据灾害地质因素活动性，将地质灾害分为具有活动能力的破坏性地质灾害和不具活动能力的限制性地质灾害两大类。活动性地质灾害包括浅层气、活动断层、活动沙波及滑坡等，这类地质灾害在内外应力的诱发和作用下，自身具有活动和破坏能力，可对海上工程建设和环境造成直接破坏。限制性地质灾害包括埋藏古河道、陡坎和浅埋藏基岩等，这类地质灾害对某些海洋工程和设施的建设产生限制，不利于工程设施的建设（表1.1）。

表1.1 20世纪90年代南海地质灾害类型划分表

		李凡（1990）		刘以宣等（1992）		陈俊仁（1996）		冯志强等（1996）	
地表灾害地质因素	直接危害因素	大型活动沙波、沙脊、泥流、滑坡、海底侵蚀	岩石圈动力	地震火山	水动力	峡谷侵蚀槽谷活动沙坡	具有活动能力的破坏性地质灾害	浅层气、滑坡、断层、陡坎、低辟、活动沙波、地震
	潜在危险因素	陡坎、沙土液化层、麻坑	大气圈	风暴潮泥石流滑坡	气动力	浅层气		
	直接障碍因素	沙丘、麻坑、沟壑、岗阜、陡坎						
地下灾害地质因素	直接危险因素	浅层高压力	水圈	海岸侵蚀、海底侵蚀槽谷	土力学	海底软弱夹层、古河床、沙堤、风暴沉积	不具活动能力的限制性地质条件	埋藏古河道、不规则基岩面、凹凸地、浅滩、峡谷、非移动沙波、沙丘、埋藏谷
	潜在危险因素	活动断层、深部断层、砂土液化层、埋藏滑坡、古三角洲	生物圈	水土流失	重力	滑坡泥石流		
	直接障碍因素	埋藏古河道、埋藏古、滑坡、沼气			构造应力	火山、地震、断裂		

刘守全等（2000）将南海灾害地质内外两大动力体系和灾害地质因素出现的部位、位置结合起来，将南海灾害地质划分为构造的、海岸的、海底的和浅层的四大类，并指出海岸的灾害地质仅与海洋作用有关。这种分类方法既考虑灾害地质动力性质，又考虑它们出现的空间部位（表1.2）。

表1.2 南海地质灾害类型划分表（据刘守全等，2000）

灾害地质大类	地质动力	主要类型	活动性破坏为主	不活动限制性为主
构造的	内动力	地震、活动断层、火山	√	
海岸的	海陆营力相互作用	海水入侵海岸侵蚀	√	
海底的	水动力、重力	活动沙波、沙脊、冲刷洼地、滑坡、浊流、陡坡、凹凸地、峡谷、海山	√	√
浅层的		埋藏地形地貌、液化砂层、快速堆积、沼气、高压浅层气、穿刺	√	√

李培英等（2004）根据海岸带、海底表层和浅层特征，结合成因及人类活动提出了分类方法。陈丽蓉等（2009）则将地质灾害划分为地震地质灾害（地震、地震海啸、活动断层等）、海床稳定性地质灾害（海底滑坡、海底沙波、海岸侵蚀、航道淤积、潮流冲刷槽等）。

尽管各学者对地质灾害的分类方法不甚相同，各有优点，均考虑了引起地质灾害体的内外动力机制以及灾害所发生的位置这两个重要因素。地质灾害分类的目的在于直接明了地对灾害地质的危害性及其危害程度进行分类，明确哪些地质灾害是可防治的，哪些是不可防治、只能避开的，所以，地质灾害的分类应从实用的角度出发，分类方法尽量简单、可操作性强。本书在综合前人对灾害地质因素分类的基础上，对南海海洋地质灾害因素进行分类（表1.3）。

表1.3 南海海洋灾害地质因素类型分类表

动力机制	主要类型	危害性	主要发育区域
海陆相互作用	海岸侵蚀、海水入侵	破坏性	海岸带
侵蚀作用	滑坡、活动沙波	破坏性	陆架、陆坡
	不活动沙波、陡坎、峡谷、古河道	限制性	陆架、陆坡
生物作用	底辟、浅层气、麻坑	限制性	陆架
构造作用	地震、活动断层、火山（岩浆）活动	破坏性	陆架、陆坡、海盆
	海山	限制性	陆坡、海盆

海陆相互作用形成的主要地质灾害因素包括海岸侵蚀、海水入侵，具有破坏性，并发育在海岸带地区。

侵蚀作用形成的主要地质灾害因素包括破坏性的滑坡、活动沙波，以及限制性的不活动沙波、陡坎、峡谷、古河道等，主要发育在陆架和陆坡区。

生物作用形成的主要地质灾害因素包括底辟、浅层气、麻坑等，具有限制性，主要发育在陆架区。

构造作用形成的主要地质灾害因素包括地震、活动断层、火山（岩浆）活动，此类灾害地质因素具有破坏性，在陆架、陆坡、海盆区均有发育；海山具有限制性，主要发育在陆坡和海盆区。

第四节 南海主要地形地貌特征

南海包括南海海域和台湾岛以东的西菲律宾海域，范围0°～24°N、105°～126°E，总面积为428.2万km²。其中，海洋面积为350万km²，约占总面积的81.7%；陆地和岛屿面积为69.6万km²，约占总面积的16.3%；位于传统海疆线内海域面积为210万km²，约占总面积的49%（图1.2）。

南海是一个呈菱形的半封闭边缘海，其大陆架、大陆坡和海盆大致呈环状分布，深海盆位于南海中部偏东，大体呈扁的菱形，南海是西太平洋最大的边缘海之一，为中国近海面积最大、平均水深最大的海区，已知最深点位于马尼拉海沟南端，约5400 m。南海南北跨越2000 km，东西横跨约1000 km，北起广东省南澳岛与台湾岛南段鹅銮鼻一线，南至加里曼丹岛、苏门答腊岛；西依中国大陆、中南半岛、马来半岛，东至菲律宾，通过海峡或水道与太平洋相连，西与印度洋相通，是一个北东-南西走向的半封闭海。南海北部陆架与南部巽他陆架宽广，西部与东部、东南部陆架（岛架）狭窄。南海北部陆架呈北东走向，且自西向东陆架区逐渐收缩变窄，水深为0～200 m，水深等值线基本呈北东走向；西南缘为南部巽他陆架，地势平坦，西缘水深等值线呈南北走向、南缘呈东西走向；西部陆架狭窄而陡，近南北走向。

南海海底地形从周边向中央倾斜，水深逐渐增大，由外向内，由浅到深依次为陆架和岛架、陆坡和岛坡、深海盆地地形单元。陆架和岛架较大，总面积约为168.5万km²，约占南海总面积的48.15%。南海陆（岛）架整体宽度具有南部、西北部和北部宽、东部和西南部窄的特点。南海陆架水深一般在100～250 m，总体上地形平坦，地貌上以陆架平原为主，其上发育有水下浅滩、水下三角洲、侵蚀洼地、台地和阶地等。

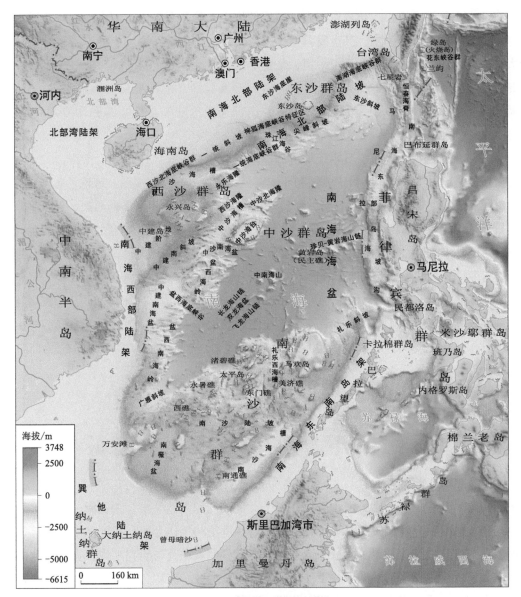

图1.2　南海及邻域地貌图

南海陆坡和岛坡地形高差起伏较大，水深范围大致在200～3800 m，是南海地形变化最复杂的区域，其上发育有陆坡斜坡、陆坡盆地、陆坡阶地、海隆、高地、海台、海岭、海盆、海槽、海谷、洼地、峡谷群等次一级的地貌单元。南海北部陆坡区总体呈北东走向，水深范围为200～3500 m，坡度较缓，水深等值线在东沙群岛以西南为近北东走向，在东沙群岛东部转为北北东走向，至东沙陡坡则又转为北东走向。西部陆坡区水深为200～4000 m，地形复杂多变，发育陆坡斜坡、盆地、海岭等地貌单元，自北而南分布有西沙海槽、西沙群岛、中沙群岛、中建南海盆、盆西海岭、盆西海底峡谷、盆西南海岭等。南部陆坡区主要为南沙群岛海域，礁滩、岛屿发育，一般分布于其东北部，如我国的太平岛、永暑礁、渚碧礁等，沙洲（暗沙）通常在其南部或西南部较发育，如曾母暗沙群、南康暗沙群和北康暗沙群等。

深海盆地位于南海中部，总面积约55.11万 km²，约占南海总面积的15.74%，水深范围大致在3400～4500 m，平面上呈长菱形状沿北东-南西向展布，并大致以南北向的中南海山链及往北的延长线为界，中央海盆由可分为西北次海盆、西南次海盆和东部次海盆。北部的中央海盆和西北海盆水深多在3500～4000 m，南部的中央海盆和西南海盆水深多大于4000 m。深海盆内分布有中沙北海隆、双峰海山、玳瑁海山、宪北海山、宪南海山、黄岩东海山、黄岩西海山、珍贝海山、中南海山、长龙海山链等大型海山。南海深海盆地以深海平原为主，其上发育海山、海山群、海山链、海沟、海脊等地貌单元，深海平原水深范围大致在4000～4500 m，地形开阔平坦，是整个南海地形最平坦的区域，平均坡度小于0.01°。

南海地形复杂，其中分布四个群岛：东沙群岛、西沙群岛、中沙群岛和南沙群岛。南海北部主要通过巴士海峡、台湾海峡与西太平洋及东海沟通，南部经巽他陆架与爪哇海和印度洋相通，东部经菲律宾群岛中一些狭窄的海峡与苏禄海和太平洋沟通。

台湾以东海域位于台湾岛以东、日本琉球群岛以南、菲律宾东北，地理位置特殊，属于欧亚板块和菲律宾板块碰撞带，是琉球沟弧盆系、吕宋弧系和菲律宾三大构造体系的交接带，跨越了岛架、岛坡和深海盆地三大地貌单元。岛架主要是指台西南岛架、台东岛架及吕宋岛弧上巴坦群岛的岛架，地形平坦；岛坡包括台湾岛坡、吕宋东岛坡和琉球岛坡，地形水深变化大，地貌类型复杂多变，发育的大型地貌单元包括恒春海脊、吕宋海脊、北吕宋海槽、花莲海槛、南澳盆地和绿岛海脊等。该海域的西南角和中东部分别为南海海盆和菲律宾海盆，菲律宾海盆总体上被加瓜海脊一分为二，海脊的西部为花东海盆，地形比较平坦，海底地形趋势为自西南向东北缓慢倾斜下降，水深范围为1910～6100 m。海脊的东部海域为西菲律宾海盆，海底地形趋势为自西南向东北缓慢倾斜下降，地形走势受到构造活动的影响，海底被北西–南东向的海山海丘洼地切割，整体水深较深，海底大多数水深大于5000 m，该海域最深处位于琉球海沟，最大水深为6847 m。

第五节 南海主要地质灾害特征

我国科研工作者和有关部门已相继在南海开展了大量油气和天然气水合物资源、海洋地质灾害和工程地质等资源与环境的专项海洋地质调查和研究工作，自20世纪80年代开始，我国在南海北部珠江口盆地、莺歌海盆地、北部湾盆地等地开展了大量的地质灾害与工程地质调查与研究工作。在南海北部陆架和陆坡等海底的表面和浅地层中识别出活动沙波（沙丘）、麻坑、滑坡、陡坎、陡坡、海底峡谷、（埋藏）古河道、浅层气、底辟等地质灾害因素。随着调查范围的不断扩大和调查手段的提高，在南海南部陆架、陆坡（岛坡）甚至中央海盆区也发现了地质灾害因素存在。可以说南海的地质灾害因素是广泛存在的，而且在不同区域具有不同的发育和分布特征。南海气象水文条件十分复杂，多寒潮大风、热带气旋等灾害天气，是诱发地质灾害的重要原因，不仅可以造成海底沙波、沙丘、潮流沙脊等发生活动，而且风浪也能诱发海底滑坡的发生。

一、南海陆架区

南海北部和南部陆架十分广阔，其特点是地质灾害类型复杂多样。陆架发育的地质灾害主要有13种，其中具有活动能力的破坏性地质灾害包括滑坡、浅层气、陡坎、底辟、活动沙波、断层及地震等；不具有活动能力的限制性地质条件有埋藏河道、不规则基岩面、凹凸地、浅滩、槽沟及陡坎等。陆架区灾害地质类型多，成灾机制复杂，诱发因子多，同时这一地区是目前近海油气开发、管线铺设的最主要地区，灾害地质潜在危险性较大（刘守全等，2000）。

南海陆架区沙波非常发育，沙波的形态、规模多种多样，波高一般在几米，高者可达数十米；波长为几米，最大可达上千米。在海岸、海峡、波浪碎波带、海湾河口、潮流水道等陆架近岸的束流区及一切有定向流速的陆架区都比较适合沙波的形成。1984～1990年广州海洋地质调查局在南海北部珠江口盆地进行了1∶20万海洋工程地质调查。调查发现在南海北部陆架外缘至上陆坡水深80～250 m范围内发育沙波。具有最大危险性的活动沙波出现在台湾浅滩（杜晓琴等，2008），是南海大风和强风中心。大量实测调查发现，南海沙波具有活动性，并且活动性迥异，有向陆和向海两个方向。海底沙波的存在对于海底管道工程施工和后期维护都会产生重要的影响。这主要体现在管道施工期沙波对于管道铺设张力以及施工难度的影响，对于服役期的海底管道，移动的沙波会造成海底管道的悬空或掩埋，严重时会造成管道的疲劳破坏甚至断裂，进而导致溢油等生态灾害（杨木壮等，2000）。

南海陆架区分布着大面积的浅层气（叶银灿等，1984；金庆焕，1989；刘光鼎，1992；陈俊仁，1996；李凡等，1998；夏真等，2006；李萍等，2010）。南海陆架浅层气主要是生物形成的甲烷气，常出现在古三角洲发育区；另有一些零星分布的浅层气，可能是深部油气层通过断层向浅部运移并储存形成的。前人在南海北部陆架调查表明，在大万山岛外、北尖岛外和卫滩附近海域均存在大范围的浅层气分布区（夏真等，1999）。珠江口近岸共发现两处大的浅层气区和多处小范围的浅层气区。浅层气区总面积约900 km²，其中以伶仃洋水道西侧海域浅层气分布最广，从东四门沿水道下行，至桂山岛南侧，面积约600 km²；磨刀门外出现一个大范围的分布区，面积约150 km²（夏真等，2006）。2000年在莺歌海油气资源开发区调查时，发现少部分浅层气呈微弱或较强程度地溢出海底，有五片分布区。莺歌海盆地内浅层气上升至海底以下的深度大部分为5～10 m，个别地方为15 m，最大的载气沉积区面积大于1400 km²（李萍等，2010）。

南海陆架（埋藏）古河道发育，很多河谷形态清晰，甚至可与目前陆地上的水系相连。调查表明，在莺歌海陆架区发现了60多处不同形态的埋藏古河道。高分辨率单道地震剖面显示，在现今琼州海峡南北两侧存在分布广泛且跨度较大的埋藏古河道。综合区域地质、钻探资料及古河道分布特征，确定北侧古河道形成年代至少晚于中更新世，南侧古河道形成年代可能为全新世（李振，2018）。

南海陆架活动断裂发育，如北部的滨海断裂带、琼北断裂带，是强活动断裂带，南海北部的中强地震主要集中于滨海断裂带上，南海北部沿海和南海东部都属于Ⅷ～Ⅸ地震烈度区，地震活动不仅会直接造成危害，而且常常诱发滑坡、浊流和沙层液化。陆架区在区域断裂格架中，小的活断裂也很普遍。南海西部北西向断裂海域红河活动断裂、黑水河活动断裂发育。在莺歌海盆地，北西向的红河强活动断裂带纵贯全区，沿活动断裂带在越南境内曾发生过数十次M_S 5～5.9级地震，并于1285年发生了河内M_S 6.1级地震。在邻近的北部湾海域内，1994年12月31日和1995年1月10日发生了M_S 6.1级和M_S 6.2级地震（詹文欢等，2004b）。

二、南海陆坡（岛坡）区

南海陆坡（岛坡）区构造活动强烈，地形起伏大，水深为200～3500 m，坡度可从2°～3°至7°～8°，甚至达10°以上。陆坡区主要地质灾害类型是滑坡、浊流、活动断层、地震，其次是海底峡谷、陡坎、海山、生物礁等。南海中西部陆坡地形呈倒梯形，自西向东下降，宽为190～490 km。该区域地形高度差异较大，其陆坡发育有峡谷、麻坑、海山等灾害地质因素（祝嵩等，2017）。

海底滑坡是陆坡（岛坡）一种常见的沉积作用过程，可导致浅地层结构受到破坏，给深水油气和天然气水合物钻井及深海工程带来巨大影响（吴时国等，2008）。西沙群岛水深250～1000 m岛坡区发育了一系列由于沉积物搬运引起的规模较大海底滑坡。西沙群岛造礁生物发育，生物礁死后形成的碎屑在原地堆积，岛坡上沉积物不断沉积引起岛坡坡度变大从而诱发滑坡（秦志亮等，2014）。广州海洋地质调查局在对南海北部陆坡西沙海槽区进行天然气水合物资源调查时发现了多个规模较大的海底滑坡，结合其他条件分析认为，这些滑坡体可能与天然气水合物的分解有关（Bouriak et al.，2000；祝有海等，2001）。

南海海底峡谷或水道主要分布在陆坡区。在陆源物质不断向海输运的过程中，浊流、滑坡等重力沉积物流对断裂等负地形不断磨蚀改造，在南海陆坡发育了多个切割较深的海底峡谷群，如珠江海谷、神狐海底峡谷特征区、一统海底峡谷群、澎湖海底峡谷群、台湾浅滩南海底峡谷等（陈泓君等，2012；苏明等，2013；刘杰等，2016；付超等，2018；伊善堂等，2020）。另外南海的西部陆坡、南部陆坡及东部岛坡都具有显著的阶梯状特征，坡度较大，阶地上发育许多海底峡谷，其中南海西南部海底峡谷最为典型，自南海南部大陆架边缘一直延伸到深海平原（孙湘平，1995）。海底峡谷具有不同的成因机制，形成了各自不同的地貌特征，主要与新生代构造运动、陆源沉积物质输入和海平面升降等相关（陈泓君等，2012；苏明等，2013；刘杰等，2016）。南海海底峡谷研究还处在对海底峡谷的发现和描述阶段，有些海域还存在空白。海底峡谷活动的年代需进一步考证。海底峡谷成因复杂，其起源和形成机制也还存在诸多争论。海底峡谷显著的侵蚀作用及峡谷侧壁沉积物的失稳，会导致滑坡的发生。

近年来，我国科学家在南海北部莺歌海盆地中央拗陷、琼东南盆地西南部、珠江口盆地白云凹陷与潮汕拗陷、台西南盆地、南海西部陆坡西沙隆起、中建南海盆以及南海南部礼乐盆地陆续发现了大小不等的海底麻坑，并利用地球物理、柱状沉积物地球化学等方法对麻坑的特征、成因、活动性及其与流体活动关系进行了研究（沙志彬等，2003；陈林和宋海斌，2005；Sun et al.，2011；关永贤等，2014；拜阳等，2014；祝嵩等，2017；刘兴健等，2017）。南海麻坑形态复杂，种类多样，规模大小不一。平面上单个麻坑形态为圆形、椭圆形、拉长形和新月形，按照排列方式分为孤立麻坑、链状麻坑和复合麻坑。巨型麻坑直径从数百米到千米以上。研究表明流体逸散是麻坑发育的主要原因（沙志彬等，2003；陈林和宋海斌，2005；拜阳等，2014；刘兴健等，2017）。巨型麻坑下存在<100 m厚的天然气水合物层，巨型麻坑中丘状构造和天然气水合物埋藏膨胀有关，也就是说巨型麻坑底部最可能存在天然气水合物（Yang et al.，2017）。

三、南海海盆区

南海海盆区地质灾害主要为滑坡、峡谷、活动断裂以及岩浆活动及其形成的海山。南海中西部海域深海盆地包含南海中央次海盆的一小部分和西南次海盆的一部分。该区域西部地形高度差异较大，深海平原面积大，平坦开阔，发育的次级地貌单元较少，有深海扇、海山链、海丘和水道等（祝嵩等，2017）。

南海西南部发现深海底存在五条巨型水道，水道走向北东东–北东，长度大于350 km的有两条，宽度最大达2 km，切割深度最大达150 m。水道西南端位于万安盆地，发源于陆架坡折带，水道蜿蜒弯曲，经南沙群岛西北部，直达西南次海盆。这些水道绕着海山向北东延伸。水道的发育与重力流作用密切有关，这些水道的深部对应基底隆起区，说明深部作用对浅部地形地貌的重要控制作用（关永贤等，2016）。

南海海盆区海山、海丘的数量多，统计结果表明，研究区发育高差1000 m以上的海山约46个，高差200~1000 m的海丘约190个（图1.3）（张伙带等，2017）。多波束数据揭示海山形态多样，以尖顶海山为主，也发育有平顶海山。既有平面形态呈圆形的海山，也有平面形态呈长形或不规则形的海山，部分海山和海丘顶部保留有火山口形态。同时，发现海山和海丘一侧山坡为陡峭的断面，推测为一系列的小断裂切割形成（张伙带等，2017）。岩浆岩组成的海山，可以是一次海底火山活动的结果，也可以是多期岩浆喷溢而成（曾成开和王小波，1987）。

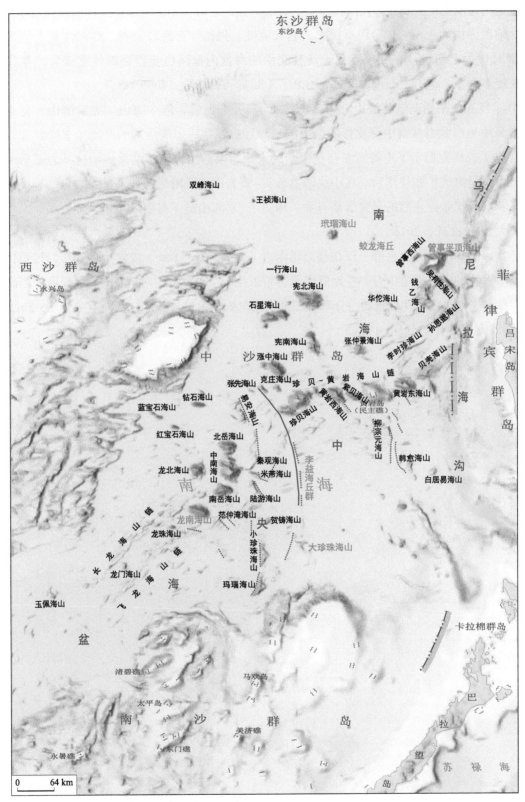

图1.3 南海海盆主要海山海丘分布图（据张伙带等，2017）

红色实线为中南断裂（Barckhausen et al.，2014），红色虚线为推测断裂

南海海盆的海山集中分布在海盆的扩张轴附近和海盆的北部，呈北东东向或南西西向分布。拖网取样显示，海盆地区海山的火山岩成分以橄榄玄武岩和碱性、强碱性玄武岩为主，K-Ar年龄分别为3.5 Ma、4.3 Ma，即时代为上新世。在礼乐滩北缘及其北面的海盆内拖网也获得强碱性玄武岩，年代以更新世（0.4 Ma B.P.）为主，也有上新世（2.7 Ma B.P.）（阎贫和刘海龄，2005）。

南海中部有五条东西向链状海山分布，即珍贝-黄岩海山链、涨中海山、宪南海山、宪北海山和玳瑁海山。南海中央海盆沿残留中脊发育的火山链是海底扩张期后岩浆活动的产物（王叶剑等，2009；杨蜀颖等，2011）。研究揭示了南海海底存在强烈的火山岩浆活动，定年结果表明这些岩浆活动主要集中在裂后期，尤其是海底扩张停止后。在中央海盆珍贝-黄岩海山链附近的残余扩张脊内，地壳顶部速度较低，可能与断层及扩张停止后的岩浆活动有关。珍贝-黄岩海山链下有明显山根，地壳增厚，受后期火山活动影响较大（He et al.，2016）。

南海海盆区地震活动较为平静，仅在皇路礁附近（7°N，114°E处）曾发生1930年7月21日6级地震，另外南沙群岛以北的中央海盆中有一些地震记录，曾发生4~5.6级地震两次、3~4.4级地震四次、<3级地震三次。南沙海区的火山活动也较弱，分布有三个第四纪死火山口，分别位于西卫滩北缘5 km，万安滩南80 km和南通滩附近（詹文欢等，1995）。

第 / 二 / 章

海底滑坡

第一节　海底滑坡定义与分类

海底滑坡是海洋地质灾害的主要类型之一，是指海底沉积物因重力驱动，沿软弱结构面顺坡向下运动而形成的现象，也是沉积物运移的重要地质过程之一，是原始沉积物经过一定的触发机制而发生二次或多次沉积的结果（Shanmugam，2015）。

海底滑坡主要分布在陡坡地段。海底滑坡诱发的因素较多，有断裂活动、沉积物重力作用、火山爆发、地震等。近年来国内外研究表明，天然气水合物的分解也是导致海底滑坡的因素之一。海底滑坡触发过程通常并非单个因素所致，而是在一定先决条件下，由多重因素共同作用所致（Maslin and Mikkelsen，1998；Shanmugam，2015；朱超祁等，2015）。海底滑坡普遍存在于外陆架和陆坡区，可顺坡向下运动几百千米（Huhn et al.，2020）。

Dott（1963）最早对海底滑坡进行划分，将其分为塌陷、滑动、块状流和浊流四种类型。Pettijohn等（1972）提出了滑动、滑塌和蠕动的分类：滑动表示较大位移；滑塌一般只表示局部概念；蠕动则表示非常缓慢的顺坡运动。Nardin等（1979）从力学特性角度出发，将沉积物由陆坡向深海运移的块体运动过程分为三类：岩崩与滑动、块体流和黏性流。块体流进一步分为碎屑流、泥流与塑性颗粒流；黏性流细分为黏性颗粒流与浊流。Mulder和Cochonat（1996）研究了超过100例全新世和更新世海洋块体运动，根据运动形式、结构特征、破坏面形状将其划分为三种主要类型：滑动-滑塌、塑性流和浊流。Locat和Lee（2002）按照海底滑坡的运动阶段，将海底滑坡的活动形式分为五个阶段，分别为滑动、倾倒、扩张、坠落和流动。Shanmugam（2015）指出滑坡包括滑动、滑塌、碎屑流、倾倒、蠕变和岩屑崩落等块体搬运体系（mass transport deposits，MTDs）类型。陈自生（1988）按滑动构造和形态特征将海底滑坡划分为三大类：溜席型、液化型和崩塌型。寇养琦（1993b）根据南海北部陆架边缘滑坡发育的特殊地理位置、空间形态，尤其是滑坡体剪切面的形态，再次把区内海底滑坡划分为直移型滑坡、旋转型滑坡和崩塌，并认为崩塌是海底滑坡的极端类型。国内外主要滑坡分类方案见表2.1。

表2.1　国内外滑坡主要分类方案表

学者	滑坡分类划分方案	备注
Dott（1963）	塌陷、滑动、块状流和浊流	—
Pettijohn 等（1972）	滑动、滑塌和蠕动	滑动表示较大位移；滑塌一般只表示局部概念；蠕动则表示非常缓慢的顺坡运动
Nardin 等（1979）	岩崩与滑动、块体流和黏性流	块体流进一步分为碎屑流、泥流与塑性颗粒流；黏性流细分为黏性颗粒流、液化流与浊流
陈自生（1988）	溜席型、液化型和崩塌型	体现了滑动构造和形态特征
寇养琦（1993b）	直移型滑坡、旋转型滑坡和崩塌	便于分析南海北部陆架边缘滑坡发育的特殊地理位置、空间形态、滑坡体剪切面的形态
Mulder 和 Cochonat（1996）	滑动-滑塌、塑性流和浊流	突出滑坡过程中各种运动类型间的动态关系
Locat 和 Lee（2002）	滑动、倾倒、扩张、坠落和流动	该分类方式较为简单，且基本覆盖了已观测到的海底滑坡类型，但没有深入反映海底滑坡类型之间的相互影响关系
Shanmugam（2015）	滑动、滑塌、碎屑流、倾倒、蠕变和岩屑崩落	包括块体搬运体系（MTDs）所有类型

冯文科等（1994）从海底滑坡的体积、厚度以及地层与滑面的关系等角度，对海底滑坡进行类型划分（表2.2）。

表2.2　海底滑坡规模类型划分表（据冯文科等，1994）

分类依据	分类标准	分类
滑坡体积 / 万 m³	<3	小型滑坡
	3 ~ 50	中型滑坡
	50 ~ 300	大型滑坡
	>300	超大型滑坡
滑坡厚度 /m	<6	薄层滑坡
	6 ~ 20	中层滑坡
	20 ~ 50	厚层滑坡
	>50	巨厚型滑坡

海底滑坡是具有极大危害的海洋地质灾害之一，对海上工程设施危害性巨大。滑坡是在重力作用下的海底土体的不稳定。海底土体的稳定与不稳定是一个复杂的问题，涉及因素较多。当土体承受的剪应力趋近于自身的抗剪强度时，土体就不稳定，有可能产生滑动。重力作用是土体沿着斜面下滑的原动力。土体下滑的斜坡面有可能是在沉积时的原始地形的斜坡，有可能是层理面、不整合面、断层面，也可能是软弱夹层。地震、断层活动等诱发海底土体滑动或产生滑坡是引起海上平台倒塌的重要原因之一。由于海底滑坡不稳定性，往往导致其上的海上构筑物倒塌，对深海油气钻探、输油管道、海底电缆等海底工程设施造成破坏，导致重大人员伤亡和经济损失。在海洋地质灾害危害性评价中，滑坡的权重系数达20，为最高级别，可见滑坡危害性巨大（刘守全等，2000）。海底滑坡是在一定的外界因素触发下产生大块的地层滑动或大量沉积物群体运动的地质现象，既是塑造海底地形地貌的主导因素，也是大陆坡上沉积物向深海盆地搬运的重要方式（朱友生，2017）。海底滑坡一旦发生，将直接危害钻井平台、海底管缆、水下油气生产设施的安全，引发溢油发生环境污染事故（吴时国等，2008）。1969年，卡米尔（Camille）飓风袭击密西西比河三角洲，诱发的海底滑坡造成平台破坏，经济损失达1亿美元（Bea，1971）。有时大型海底滑坡会引起巨浪甚至海啸，造成严重的破坏与损失。2004年，印尼苏门答腊沿海发生海啸，夺去20多万人的生命，此海啸起因被推断为地震和海底滑坡的共同作用（刘锋，2010）。2006年，吕宋海峡海底滑坡造成海底光缆断裂，中国与东南亚国家之间的通信中断了长达12小时（Hsu et al.，2009）。

第二节　海底滑坡形态和结构特征

一、海底地形地貌特征

目前主要是通过高精度多波束测深系统、侧扫声呐、浅地层剖面和单道地震测量系统获得海底滑坡的分布范围和地形地貌特征。

　　根据世界上最大、最典型的海底滑坡之一挪威 Storegga滑坡的地貌形态，可将该海底滑坡划分为六个明显的地貌单元：滑坡壁、滑坡谷、滑移面、滑坡台阶、丘状滑坡体和沉积物流舌状体（Petter et al.，2005）。南海北部峡谷内以侵蚀作用为主，部分沟谷基本无现代沉积作用，早期沉积的地层在这里也遭受侵蚀，保留下来的地层保持了原有的层理结构。峡谷谷坡上常见滑坡、滑坡构造发育，局部还能见碎屑流沉积（年永吉等，2014）。对南海北部海底多波束数据进行研究表明，峡谷区发育的块体搬运具有典型的滑坡特征，显示滑坡体由后壁、侧壁和碎屑流沉积组成（图2.1）。滑坡后壁位于滑坡的后侧，大致平行于陆坡，高约数米到数十米。后壁是海底沉积物在受到重力或张应力作用发生形变，在斜坡顶部形成的。陡崖头部一般发育一个或多个陡崖为标志的后壁，地形地貌显示发育后壁的区域一般海底发生突变，水深突然加大，形成陡崖，陡崖地形坡度一般大于10°，如琼东南陆坡某区域后壁发育在水深500 m处，后壁外侧水深突然加大至800 m（图2.1）。侧壁是侧向边缘接触的结构单元，由于在搬运过程中会对基底及周围地层产生较强的侵蚀作用，因此侧壁也会形成一些规模不等的陡崖。侧壁的延伸方向一般与滑坡沉积物的搬运方向相平行。侧壁位于滑坡的两侧，大致垂直于陆坡延伸，长达数千米至数百千米不等。琼东南盆地北部陆坡区侧壁比较清晰，侧壁在水深1300 m处逐渐消失。滑坡形成的碎屑流沉积发生在海底峡谷两侧坡度相对较小的谷壁上以及滑坡区下部水深1600 m海底附近。滑坡后的海底表面较为粗糙，形态呈舌形或圆形，附近海底有明显被侵蚀的痕迹（图2.1）。

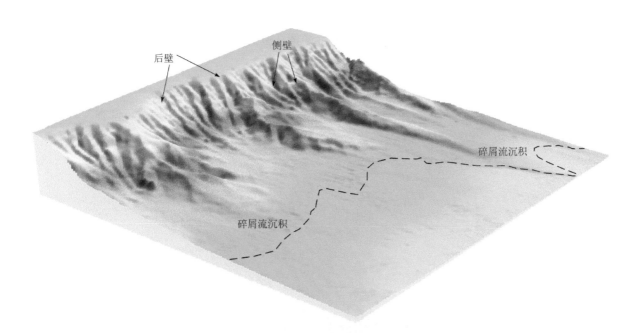

图2.1　南海北部陆坡峡谷区典型滑坡海底地貌图

　　多波束测深数据表明，滑坡体影响区域与未受海底滑坡影响区域的地形存在明显的差异，例如南沙海槽一处大型海底滑坡陡坡区最大坡度为2.3°～3.2°，总体地形上存在明显的下陷区，海槽槽底平原区存在明显的堆积区（任金锋等，2021）。

在侧扫声呐影像图上，海底滑坡常具舌状或圆状，其滑动影响范围边界较为清晰，滑坡体表面较为粗糙。如侧扫声呐图像显示南海北部陆坡滑坡区海底局部声反射与周围海底明显不同，海底扰动明显，局部地形起伏较大，典型坡度为10°，最大坡度达到25°（罗进华等，2013）（图2.2）。

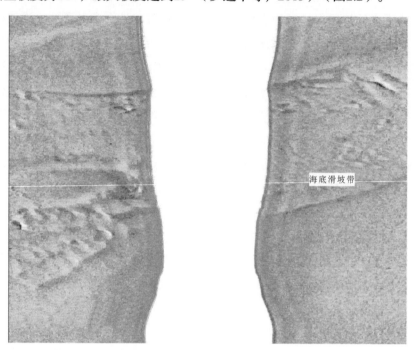

图2.2 侧扫声呐图像显示的海底滑坡示意图（据罗进华等，2013，修改）

二、地震反射特征

海底滑坡的地层结构主要通过高分辨率浅地层剖面和单道、多道地震探测手段进行调查。典型滑坡具有滑坡面、滑坡壁、滑坡谷和滑坡体四大滑坡要素（图2.3）。

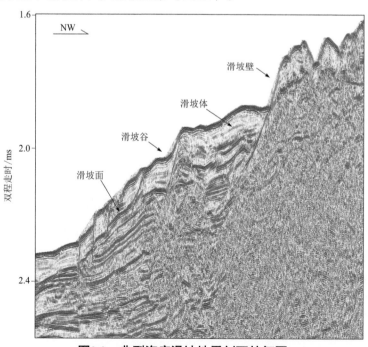

图2.3 典型海底滑坡地震剖面特征图

　　滑坡面是滑坡体沿其上发生滑动的构造面，具双相位、低频、强振幅、高连续的地震反射特征。滑坡壁是滑坡形成后在上部形成的陡峭壁。滑坡谷是滑坡体滑动后在海底地貌上形成的负地形，深度几米至几百米不等，在滑动方向上滑坡谷可组合形成滑坡阶梯。地震反射具有楔状弱振幅杂乱地震相、谷状水平充填中振幅、中连续地震相及丘状、透镜体状前积地震相特征，部分发育有席状亚平行或波状弱振幅连续地震相。滑坡体是滑坡的主体部分，内部通常为中-弱振幅、中-低连续、平行-亚平行及杂乱反射等地震反射特征。滑坡根部是滑坡开始形成的部位，地震剖面揭示滑坡根部发育犁式断裂。这种断裂是一种向下倾角变缓乃至变平，总体上呈上陡下缓的犁式形态的断裂。犁式断裂的存在表明滑坡产生时具有张性特征，牵引着上部碎屑物向下滑动（孙运宝等，2008）。此外，在滑坡前缘外部形态最为简单，是坡度最小的部分，坡度一般小于3°。地震相以弱振幅连续地震相为主，以席状平行、亚平行反射结构为特征，反映了滑坡体逐渐向深海平原消亡的过程。

　　地震剖面显示东沙陆坡海底滑坡整体上具有丘状外形，内部地层地震反射波不连续、弱振幅、杂乱反射或无反射结构，而且发育有典型的头部特征，滑坡壁、滑坡谷、滑坡体、滑坡台阶等发育较为完整（图2.4）。滑坡发育十分典型的头部滑移断层，多级滑移面清晰，滑坡体内部地层虽遭受拉张切割，但地层发育依然整齐。滑坡带发育的水深范围为200～3000 m，主要分布在陆坡坡折处、海山两侧及隆起陡坡上，它们均呈北东或北东东向分布，其位置与古海岸线及海底陡坡地形密切相关（马云等，2017）。

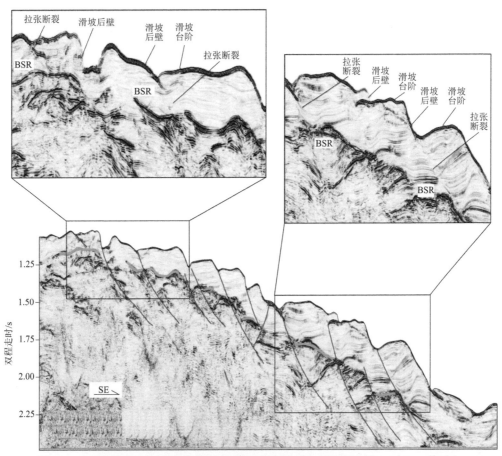

图2.4　东沙陆坡区典型海底滑坡地震反射特征图（据马云等，2017，修改）
BSR：近海底反射层（bottom simulating reflector）

第三节　南海海底滑坡分布特征

南海的滑坡主要发育在南海北部的外陆架到上陆坡之间，以及南海西部陆坡、南海南部陆架、南海海盆的海山周围、台湾岛东南部海域，其中以南海北部滑坡最为发育，分布面积最大（图2.5）。

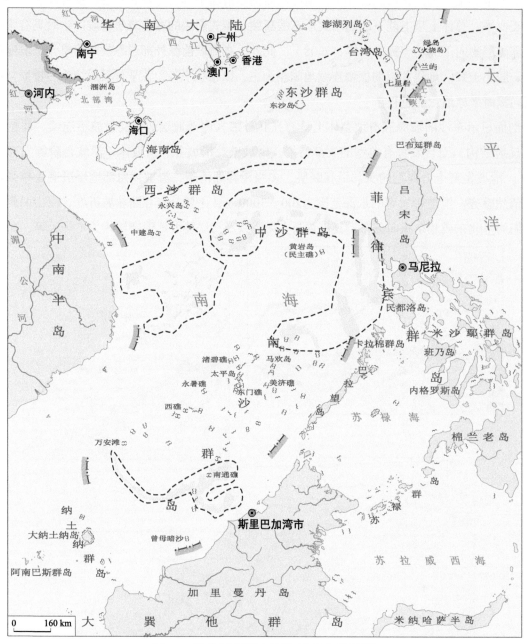

图2.5　南海及邻域主要滑坡分布位置图

一、南海北部

南海北部陆坡深水区地形变化大，水深从陆架区几十米增至海盆区的3500 m，平均坡度为2°～3°，局部地段可达10°以上。南海北部分布有莺歌海盆地、琼东南盆地、西沙海槽盆地和珠江口盆地等多个新生代盆地，构造背景复杂，新生代构造活动频繁、强烈。南海北部新生代沉积速率高，沉积厚度大，如莺歌海盆地海相第四系厚度可逾2000 m（夏伦煜等，1989；汪品先等，1991）。因此，在强烈的新生代构造活动、充足的物源供应以及复杂的海底地形等因素影响下，南海北部易发生海底滑坡，是研究滑坡形成机制的理想场所。在南海北部滑坡主要分布在陆架外缘斜坡区三角洲前缘、海底峡谷和上陆坡区，其中陆坡区是海底滑坡最集中的区域，因此其分布特征主要受构造格局和沉积环境的控制。滑坡主要发生在局部地区，包括海山的山脚、陡坡陡坎处等。南海北部滑坡具有东西向分带的特点，依据滑坡的外部形态、内部结构等特点，在南海北部识别出琼东南海底滑坡、白云海底滑坡、神狐海底滑坡、西沙海槽北坡滑坡等。各个滑坡在地形地貌、外部形态、内部结构上具有明显的差异。

南海北部神狐陆坡发育有海底滑坡密集区，滑坡可以归纳为与坡折带、峡谷地形和岩浆作用相关的三类滑坡。在114°20′～116°20′ E、19°40′～20°30′ N陆坡坡折带明显的地形坡度，分布三条陆坡坡折带有关的滑坡。在114°52′～116°38′ E、18°45′～19°40′ N，岩浆的侵入作用频繁，使上部沉积层明显向上拱起抬升，产生明显的陡坡地形，诱使滑坡发生，此类与岩浆作用相关的滑坡易发带有六条。在113°20′～114°25′ E、18°05′～19°10′ N，发育有四条与重力作用相关的滑坡易发带，该区域峡谷发育，谷宽而深、坡陡而高，为地层滑动提供了良好的临空面，两侧地层在沉积后或沉积作用过程中，由于重力作用逐渐失去稳定性，进而发生滑坡（马云等，2014）。此外，在南海东北部陆架外缘斜坡区和上陆坡区，由浅至深发育有四列滑坡带（吴庐山和鲍才旺，2000）（图2.6）。

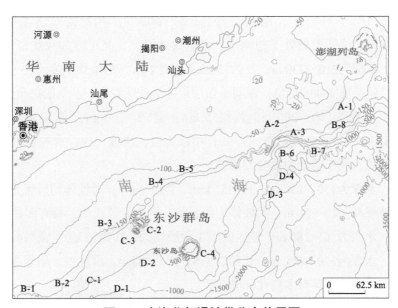

图2.6　南海北部滑坡带分布位置图

（一）第一列滑坡带 （A）

位于台湾浅滩南部，由三个滑坡区组成。其中滑坡区A-1位于台湾浅滩外缘，水深为40～50 m，长约70 km、宽为3～7 km，是个浅层滑坡；滑坡区A-2、A-3位于陆架外缘斜坡区，水深超过100 m，是多次滑动的混合滑坡区，滑坡面倾角为5°～7°（图2.7）。

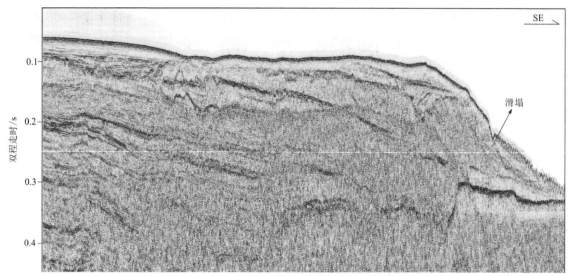

图2.7 第一列滑坡带地震剖面反射特征图

（二）第二列滑坡带 （B）

位于陆架外缘和陆坡交界地段，呈北东–北东东向延伸，由八个滑坡区组成。

（1）滑坡区B-1：水深为190～250 m，长约55 km、宽1～3 km，呈弧状弯曲。滑坡壁高差可达10～35 m，坡角为15°10′～21°50′；滑坡谷宽为100～600 m，相对高差北坡为10～35 m，南坡为5～15 m。反向台坎发育，说明滑坡处于初始期，还会继续滑动，属于顺层块状滑坡。

（2）滑坡区B-2：水深为210～230 m，长约75 km、宽约2 km。滑坡体厚度为10～20 m，可见滑坡壁或洼地，从滑坡陡坎中见到层理挠曲的现象，说明是切层块体活动性滑坡，沿斜面仍会继续活动（图2.8）。

（3）滑坡区B-3：水深为150～200 m，长约55 km、宽1.5～2.0 km。东段和西段为块状滑坡，滑坡后壁为陡崖，倾角可达30°～40°，高差25～37 m；中段为层状滑坡，现代滑坡和古滑坡均有，滑坡体厚20～50 m，外形呈鼓丘状，属于活动的复合型滑坡。

（4）滑坡区B-4：水深为150～250 m，长约52 km、宽3～4 km。滑坡体的后缘为长条形滑坡壁，并和崩塌谷相伴而行，滑坡壁高差10～26 m，滑坡体为鼓丘状，滑动面呈弧形，具有多期性和活动性的特点。

（5）滑坡区B-5：水深为16～180 m，是区内最小的滑坡区，长约10 km、宽约4 km，为浅层滑坡。

（6）滑坡区B-6：水深为220～600 m，长约21 km、宽3～5 km。滑坡壁、坍塌谷和台坎发育，是滑坡和崩塌混杂堆积而成的小山丘，具有多期性和滑动性。

（7）滑坡区B-7：水深为300～500 m，长约60 km、宽约2 km。滑坡壁、坍塌谷和台坎十分明显，滑坡壁坡度达30°～45°，具有很强的活动性。

（8）滑坡区B-8：水深为250～450 m，长约32 km，它是滑坡和崩塌混合区。

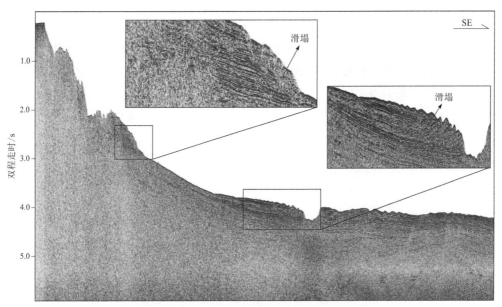

图2.8　第二列滑坡带地震剖面反射特征图

（三）第三列滑坡带（C）

位于上陆坡水深为400～500 m附近，由四个滑坡区组成。滑坡区C-1：长约55 km、宽约5 km，该滑坡体发育在海积扇上部，为浅层滑坡体，厚度为10～20 m。从地震剖面上看滑坡体层理发生挠曲，可能是滑坡作用的初始阶段，属于活动性滑坡。滑坡区C-2～C-4分别位于北卫滩、南卫滩和东沙岛的东南部，均可见到滑坡和崩塌，但以崩塌作用为主体（图2.9）。其上部出现陡坎，而下部有大量崩塌堆积体，是一种丘状的混杂沉积，可能是早期崩塌作用所致。

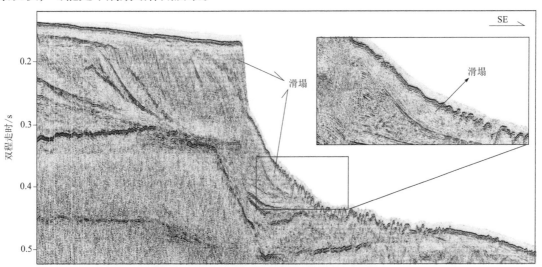

图2.9　第三列滑坡带地震剖面反射特征图

（四）第四列滑坡带（D）

位于上陆坡区，由四个主要滑坡区组成。其中以滑坡区D-1规模最大，长50 km，宽约16 km，是由多期活动和多个滑坡体组成的大型滑坡区。滑坡区D-2～D-4，长度分别为28 km、30 km和18 km，既有滑坡壁、坍塌谷和陡坎等滑坡体的特征，也具崩塌和浊流冲蚀堆积体的性质，并且有多种类型和多期活动的特点。

二、南海西部

南海西部滑坡主要发育在中建南海盆的北部上陆坡、中沙海台附近以及海山区。滑坡主要呈北东-南西向、北东东-南西西向和近东西向展布（图2.10）。滑坡主要是在重力作用下沿斜坡向下滑动，滑动的地层产生揉褶变形（图2.11）。重力滑动构造一般发育在坡度变陡的地方，在上陆坡尤其发育，特别是在陆架向上陆坡过渡的地方。地震剖面揭示滑坡区以杂乱反射特征为主，内部发育断层及滑脱面（图2.12）。

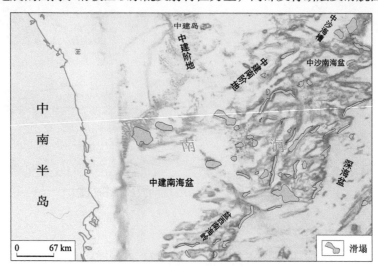

图2.10　南海西部滑塌分布位置图

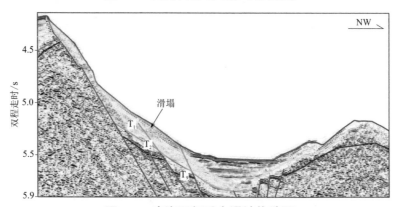

图2.11　南海西部重力滑坡构造图

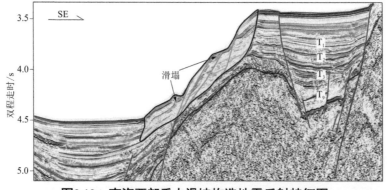

图2.12　南海西部重力滑坡构造地震反射特征图

南海西部发育与岩浆侵入有关的滑坡，岩浆侵入过程中，地层受到向上挤压而拱起，当岩浆冷却凝固成岩，其上覆地层呈隆起状态，之后岩浆岩在冷却中不断收缩，造成上覆地层的塌陷，形成塌陷断层。塌陷断层在剖面上是密集断层，倾角大，近于笔直的陡倾状，断距一般很小，平面上一般呈多边形状塌陷（图2.13）。

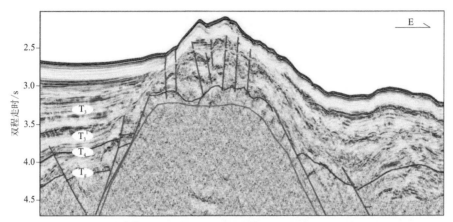

图2.13　岩浆侵入体的上部地层呈现的热收缩塌陷断层示意图

三、南海海盆

滑坡主要发生在中沙海台的东南部边缘，马尼拉斜坡、吕宋斜坡、礼乐海台的北部边缘等区域。

中沙海台边缘发育的一系列海底峡谷是浊流的有利通道。通常情况下，重力流的沉积物通过海底峡谷从浅水区向深水区输送物质，沉积物从坡折处开始滑动。在重力的作用下，中沙海台边缘滑坡体加速下滑，经过一定的滑动距离后，滑坡体破碎形成碎屑流，同时也会有大量细粒松散的颗粒进入水体形成悬移质，最后在陡坡下方的深海盆地区形成宽广的浊流沉积物。

中沙海台东南边缘水深为3000～4000 m、上坡度为6.7°的陡坡上发生连续滑坡，滑坡体破碎形成明显的台坎，滑坡层厚为70～100 m，长约6～8 km，具备典型的陡坡滑坡的特征（图2.14）。受坡度影响，滑动面或滑坡陡坎之下，往往是沉积层理扭曲变形的滑坡体堆积，此类滑坡体与下伏地层的反射特征一般有明显的区别，滑坡体的头部可能因为加速下滑而脱离滑坡体，进而破碎并沉积，形成典型的碎屑流沉积，在地震剖面上显示为海底面发射凹凸不平，内部呈杂乱反射或弱反射。滑坡继续向深水方向延伸，海床的反射强度变得均匀，表面平滑连续，内部发射连续性好，呈平行或者半平行，仅在连接滑坡体的边界处呈收敛状态，表明此阶段的沉积作用缓慢而又均匀，是滑坡体破碎时形成的悬移质沉积而成，与浊流沉积的特征相符合。

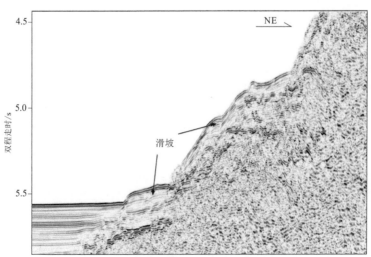

图2.14　中沙海台滑坡地震剖面反射特征图

礼乐海台北部在2.3°左右的斜坡上发育了厚约600 m、长约20 km的大型滑坡体。滑坡体形态完整，滑坡面与滑坡体内层理清晰可见，并且在顶部一侧形成了陡峭的滑坡壁，滑坡壁高达250 m，与下伏地层的反射特征有明显的区别（图2.15）。

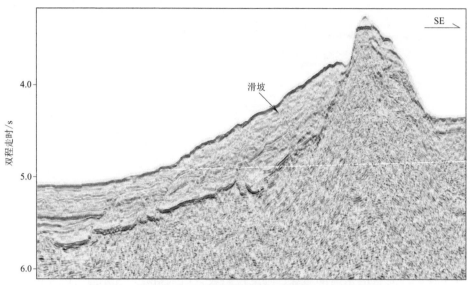

图2.15　礼乐海台北部斜坡滑坡地震剖面反射特征图

礼乐海台边缘滑坡属于发生在坡度较小的斜坡上的整体型滑坡，特点是滑坡体厚且连续，能够形成一系列的大型滑坡带，以蠕动或者滑动为主，滑坡体的形态保持较好，与下伏地层有明显的分界线。滑坡内反射强度较为均匀，内部反射连续性好，滑坡面为凹型，上端部坡度较陡，下端部趋于平缓。此类滑坡主要的动力因素为斜坡快速沉积产生的重力失稳，若无海流的侵蚀作用，滑坡体一般会完好保存。

中沙海台峡谷区发育一小规模滑坡体，长约2.5 km、高约300 m。滑坡体在反射特征上与下伏地层有明显的界线，并且由于滑坡体多发生在峡谷内，侵蚀作用比较强烈，沉积物的堆积较薄，在顶部一侧形成了典型的凹槽，滑坡体破碎后在谷底沉积，形成的沉积层的厚度也很小（图2.16）。

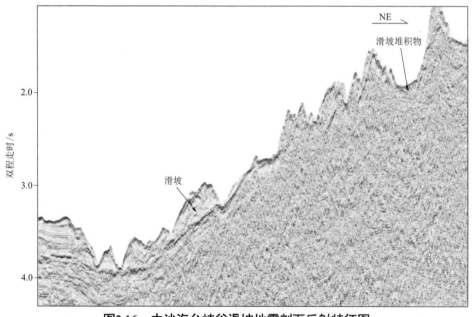

图2.16　中沙海台峡谷滑坡地震剖面反射特征图

四、南海南部

南海南部海底滑坡主要分布在水深300～2500 m的陆坡坡折带至上陆坡区域，以及南沙海槽周缘斜坡区（图2.17），尤其是断褶型陆坡斜坡的上部（陆架外缘和陆坡相接地段）。该区地形坡度较大，陆源沉积物不断向陆坡推进，沉积物较松散，结构也较复杂。底质取样资料显示，表层沉积物以粉砂质黏土为主，向下黏土含量增加，有的滑动面可能出现在黏土夹层。这些黏土类沉积通常具有高的亲水性、胀缩性和崩解性，抗剪性差，因此形成土体上、下部岩性差异，成为滑坡体滑动的客观条件。该区以中型的浅层滑坡为主，有的滑坡体后面还有典型的滑坡壁、滑坡谷，说明滑坡形成的时代较新。

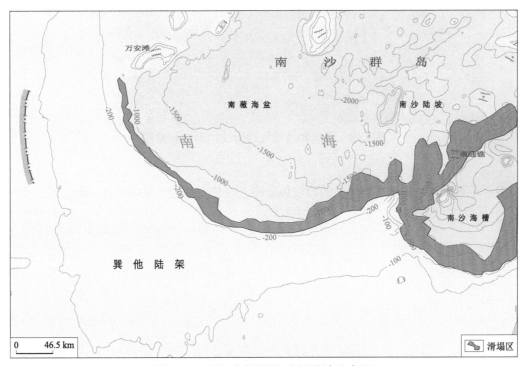

图2.17　南海南部巽他陆架滑坡分布图

南部海域滑坡与地形地貌和地质背景有关。滑坡区的地形坡度较陡，为2°～15°，同时也是区域峡谷水道的密集发育区，峡谷水道的强烈侵蚀下切作用极易形成凌空面，造成上部地层失稳，诱发滑坡。滑坡带均位于陆坡坡折带附近，这些区域沉积速率大，沉积物快速堆积，结构相对松散，固结程度低，容易发生崩塌滑坡。南部陆坡也是断裂密集发育的区域，断层的错动破坏了岩体的结构，沿断裂上涌的浅层气更进一步破坏了堆积体的稳定性（图2.18）。

地震剖面反射揭示滑坡所形成的滑坡体内部具有不规则强弱反射或杂乱反射的特征，有的滑坡能够识别出明显的弧形滑坡面及滑动体结构，甚至形成滑坡阶梯。有的滑坡具有多个滑坡面，具有多期活动特征，局部地区见滑坡壁处的沉积物中止现象，表明该滑坡体具有近代活动的特点（图2.18）。

在陆坡盆地和洼地周围，滑坡分布在断褶型陆坡斜坡下部和陆坡盆地相接地段。这一带因断层作用，地形坡度较大，组成物质较细，以黏土质沉积物为主体，含水率高，在重力和地震等诱发因素作用下，块体容易发生向下移动形成滑坡。地震剖面揭示该区以中小型浅层滑坡为主体，一般只能看见陡坎或陡坡，滑坡谷不发育，并具有多期性的特点（图2.18）。

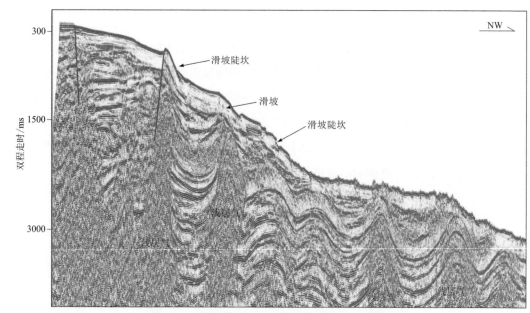

图2.18 断层和浅层气对滑坡的影响示意图

在南海南部堆积型陆坡斜坡也有零星的滑坡体分布，往往是新老滑坡体混在一起（图2.19）。

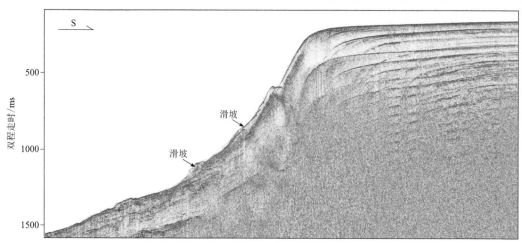

图2.19 地震剖面揭示南海南部堆积型陆坡滑坡示意图

五、台湾东部海域

台湾东部海域滑坡不发育，仅在局部区域发育小规模的滑坡体，与局部岩浆活动、断层、陡坎或者陡坡有关，为局限性的部分沉积物不稳定造成。滑坡主要发育在琉球海沟北侧、恒春海脊、北吕宋岛弧、加瓜脊两侧等局部陡坡处（图2.20）。总体上滑坡规模较小，分布局限，在恒春海脊和吕宋岛弧两侧发育的滑坡大体呈南北向展布，与海脊或岛弧的走向大致平行，规模相对较大。

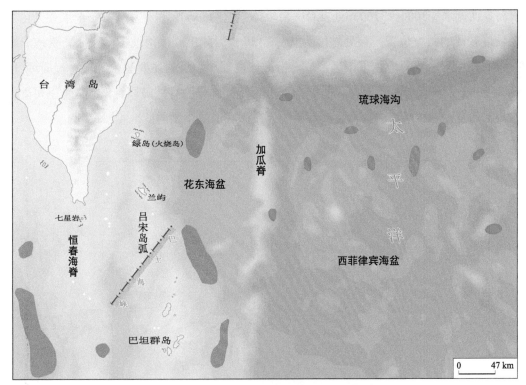

图2.20　台湾东部海域滑坡分布位置图

地震剖面揭示恒春海脊西侧水深约3000 m斜坡处发育一小规模滑坡。该滑坡体长约800 m，与周围的地形有明显的差异，滑坡顶底高差约200 m，周围未发现有明显的断层存在，推测其可能是局部未固结沉积物在底流的冲刷下失稳形成的（图2.21）。

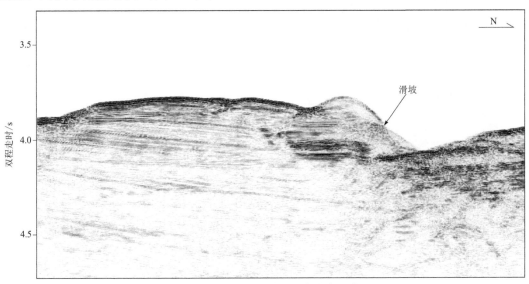

图2.21　恒春海脊西侧小型滑坡示意图

在吕宋岛弧西侧水深3000～3750 m处发育一滑坡体，宽约5 km，呈楔状，往下厚度逐渐增加。该滑坡主要发育在坡度较陡的斜坡位置，该处坡度为10°～15°，因此推测该滑坡的形成主要受地形影响，松软的沉积物在重力作用下沿着斜坡往下搬运形成。滑坡体内部地震反射主要呈杂乱反射，局部可见中–低连续地震反射特征，表明滑坡体搬运距离不长，内部沉积特征部分没有被破坏。该滑坡体上可能发育四个小型正断层，断层的发育导致滑坡内部发生局部错断，在海底形成小型的凹地（图2.22）。

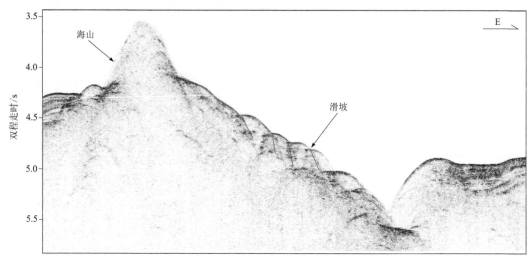

图2.22　吕宋岛弧西侧滑坡示意图

花东海盆南部加瓜脊的东侧水深为4000～4700 m、坡度为9°～10°处发育一滑坡体。该滑坡体呈板状覆盖在斜坡上，其形成可能与该部位地形密切相关，未固结沉积物在重力作用下发生失稳，顺着斜坡发生移动。在该滑坡的西侧，因地形平坦，未见滑坡发育（图2.23）。

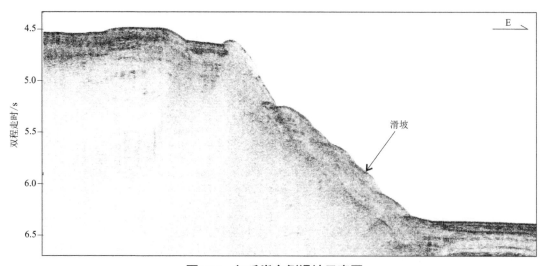

图2.23　加瓜脊东侧滑坡示意图

在花东海盆北部3000 m水深处，发育一小规模滑坡。地震反射特征总体为杂乱反射，局部存在断续反射同相轴。滑坡体外围地震反射则呈中振幅、高频、高连续地震特征。该滑坡主要发育在槽谷两侧，沉积物顺着坡壁发生小规模滑动。尤其是在东侧坡壁，受火山活动影响，滑坡发育，规模相对较大。西侧坡壁滑坡可能是受局部浅断层影响，造成地形坡度较陡引起（图2.24）。

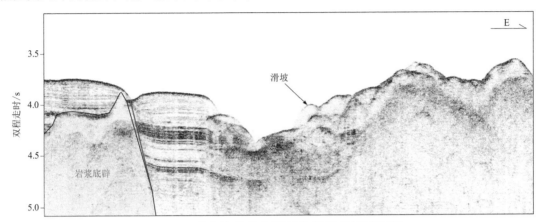

图2.24　花东海盆北部滑坡和岩浆底辟示意图

从区域构造特征来看，台湾东部海域西部位于正在活动的马尼拉海沟的俯冲带上，长期有大量的地震发生，而且还伴有火山喷发。南部欧亚板块向菲律宾海板块俯冲，北部欧亚陆缘与火山弧发生倾斜碰撞，造成区内复杂的应力分布状态，这些因素都可以造成海底滑坡。从滑坡体发育特征以及周围海山接触关系来看，地震是触发海底滑坡的最主要因素，同时海底地形以及沉积物特性是诱发滑坡的次要因素。

第四节　南海典型海底滑坡及形成机制

一、神狐滑坡带

位于神狐暗沙东南侧陆架坡折带，水深为400～600 m，坡度较为平缓，仅0.5°～2°，呈北东-南西向展布，长约100 km、宽约25 km。滑坡带海底地貌上发育高差20～40 m不等的鼓状海丘（图2.25）。

该滑坡带具双层结构，下层滑坡体厚75～85 m，由北东向南西呈楔状减薄，地震反射特征为杂乱反射。上层滑坡体较厚，厚度为150～250 m，具中低频、中弱振幅，中-低连续波状反射特征，层间发育犁式断层。断层上部呈近平行分布，间距约500 m，往下逐渐收敛至下层滑坡体顶面，断层使上部地层层理发生挠曲，并顺断层面滑动。该滑坡带双层结构表明下层滑坡带形成较早，随后导致上部沉积物结构发生变化，地层呈拉张应力状态并产生犁式断层，并在重力作用下沿断层面发生蠕动、滑脱，在海底形成鼓状海丘。

目前世界上已识别出的与天然气水合物分解有关的海底滑坡主要有大西洋大陆斜坡上的开普菲尔、南美亚马孙冲积扇、加拿大西北岸波弗特海、西地中海的巴利阿里（Balearic）巨型浊流层和西非大陆架、哥伦比亚大陆架、美国太平洋沿岸以及日本海南部的海底滑坡体（颜文涛等，2006）。

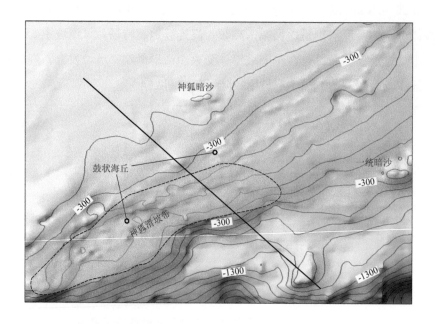

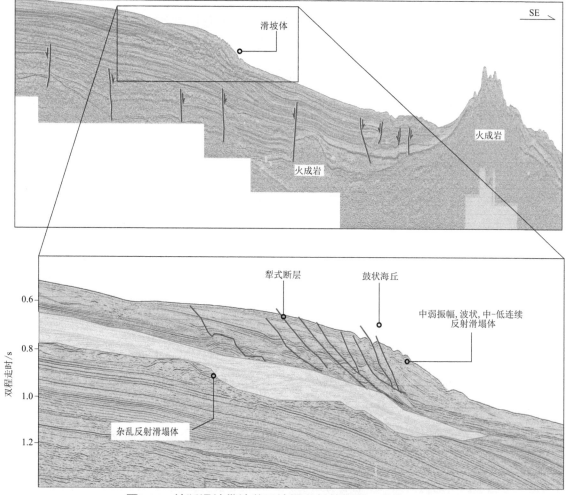

图2.25　神狐滑坡带地貌及地震反射特征图（单位：m）

陈泓君等（2012a）的研究表明神狐滑坡带海底坡度平缓。滑坡体往深水方向过渡为正常海相沉积地层，这表明滑坡带的形成并非单纯重力作用引起，神狐滑坡带可能与天然气水合物的分解密切相关。天然气水合物在该区形成后，由于后期构造运动或海平面下降，导致区域地质条件改变，天然气水合物快速分解并释放大量的水和气体，形成下层杂乱反射滑坡体，而后造成上覆流体静水压力增大，上部地层发育犁式断层，使含天然气水合物沉积层沿断层面发生滑动或滑坡，并在海底形成鼓状丘体（图2.26）。

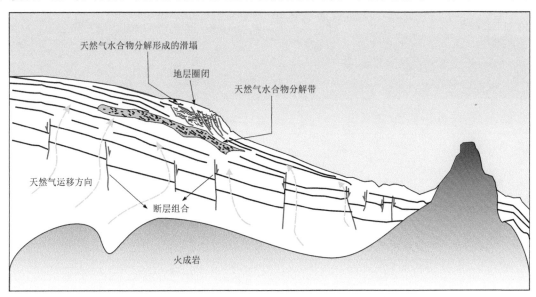

图2.26 天然气水合物与滑塌关系模式图（据陈泓君等，2012a）

二、西沙海槽北陆坡滑坡带

该滑坡带位于西沙海槽北侧陆坡水深为2000～3100 m处，呈近东西走向，长约90 km、宽15～20 km，坡度为2°～5°，局部地段大于10°。滑坡带发育有滑坡谷、滑坡陡崖、滑坡扇。滑坡带沿海槽北侧斜坡顺坡形成并一直延伸到海槽底部。该滑坡带上发育两个大型的滑坡扇。滑坡扇具有典型的扇根、扇中、扇端结构，海底地貌揭示其右侧一滑坡扇呈长椭圆形，长约8 km、宽约6 km，高差约750 m（陈泓君等，2012a）（图2.27）。

地震剖面显示该滑坡带由后端缓慢堆积滑坡体和前端快速堆积滑坡体两部分组成（图2.27）。后端缓慢堆积滑坡体沉积物厚达350 m，为中频、中弱振幅、中连续，平行–亚平行及局部波状或杂乱反射特征。地震反射同相轴连续性较好，表明其运动方式为缓慢移动，地层形变小。内部发育多个滑坡面，表明该滑坡具有多阶段、多期次发育特征。海底滑坡谷未被沉积物充填，说明在第四纪仍有活动。前端快速滑坡体内部具杂乱反射地震相，反映大量沉积物快速堆积形成，其在海底地貌上为一典型滑坡扇（陈泓君等，2012a）。

西沙海槽自晚渐新世形成以来新生代构造活动较为强烈，有多次构造活动发生，部分断层切割至海底，表明第四纪仍有构造活动。北侧陆坡处沉积物厚度达350 m，受构造活动影响，巨厚细粒沉积物在重力作用下发生整体性滑移，在滑坡体前缘因受火成岩基底阻挡，地层产状发生褶曲、变形。部分未受阻挡区域则在海底形成滑坡谷、滑坡陡坎、滑坡扇等地貌单元。由于构造活动具有多期性，滑坡多次发生，并形成上下互相叠置、具多个滑坡面的滑坡体。这表明该滑坡带具有持续性、继承性，局部具有突发性，突发性的构造运动可形成大规模、快速搬运的滑坡扇。由于陆架搬运来的沉积物主要堆积在北侧陆坡以及槽底平原，而海槽南侧距离沉积物源相对较远、沉积速率较低、沉积厚度较薄，难以形成大规模的滑坡带（图2.28）（陈泓君等，2012a）。

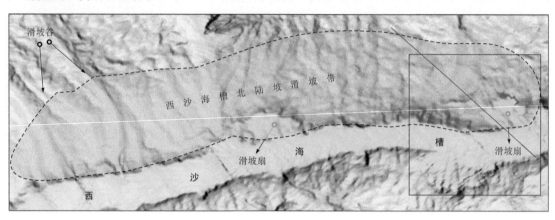

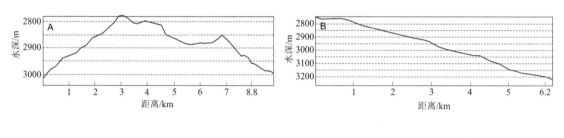

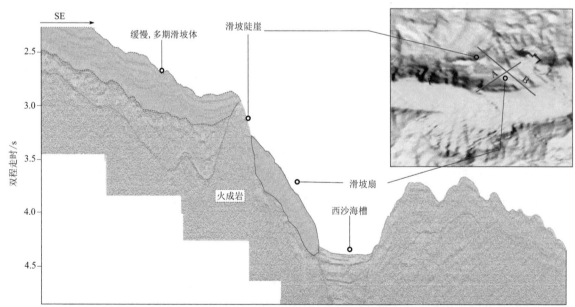

图2.27　西沙海槽北陆坡滑坡带地貌及地震反射特征图（据陈泓君等，2012a）

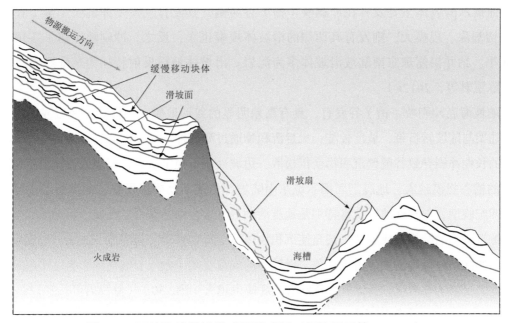

图2.28　西沙海槽滑坡带成因模式图（据陈泓君等，2012a）

三、琼东南陆坡滑坡带

位于琼东南陆坡陡坡处，水深为250～850 m，呈北东-南西向展布，滑坡带长约150 km、宽5～10 km，高差为450 m，坡度较陡，为5°～10°，局部地段为10°～15°。由于该部位陆坡向深海平原方向水深急剧变化，水道纵横，峡谷发育，其上分布大量的冲刷峡（槽）谷，冲刷峡（槽）谷呈北西-南东向延伸，与等深线走向垂直，强烈切割海底。峡谷长8～10 km、宽2.5～3 km，峰与谷锯齿状排列，相对高差可达150～200 m，峡谷规模由南东向北西方向逐渐减小（图2.29）（陈泓君等，2012a）。

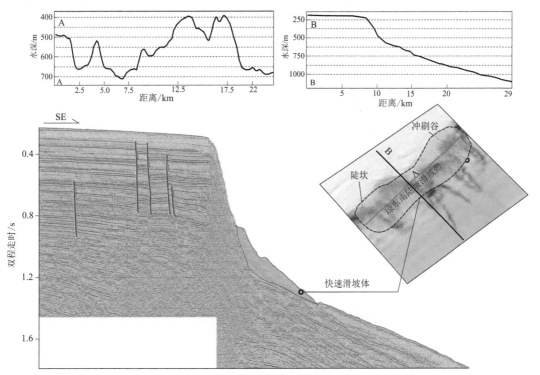

图2.29　琼东南陆坡滑坡带地形地貌及地震反射特征图（据陈泓君等，2012a）

地震剖面揭示滑坡体主要发育在冲刷峡（槽）谷两侧，其发育规模受冲刷峡（槽）谷影响，冲刷峡（槽）谷切割深、规模大，则发育其两侧的滑坡体规模也大，反之，冲刷峡（槽）谷规模小，则滑坡体规模亦小。钻井揭露琼东南陆坡滑坡体多为泥岩。滑坡体地震反射特征为杂乱反射，具有快速堆积的特点（陈泓君等，2012a）。

琼东南陆坡海底冲刷峡（槽）谷发育，具有高差明显的谷形地貌，主要是由底流或浊流冲刷而成。滑坡带处于陆架与陆坡转折带，坡度较陡，大量沉积物通过海底冲刷峡（槽）谷被搬运到深海平原沉积。底流或浊流的长期冲刷导致谷侧壁沉积物变得松散，边坡处于不稳定状态，底流或浊流流速越强，冲刷越明显，形成的槽谷规模越大。地震剖面揭示琼东南陆坡部位浅活动断层发育，此类断层主要形成于第四纪，尤其第四纪晚期，与现代地质灾害特别是地震活动等有着密切的联系。因此，后期形成的浅断层对峡（槽）谷两侧沉积物的结构造成破坏，甚至使沉积块体发生重力移动。在底流、风暴、地震等外因素作用下，在槽谷两侧陡坡处极容易发生滑坡现象。滑坡体的规模受峡（槽）谷规模的影响，槽谷规模越大，其两侧壁坡越陡，更易诱发滑坡，其上所发育的滑坡规模也越大（图2.30）（陈泓君等，2012a）。

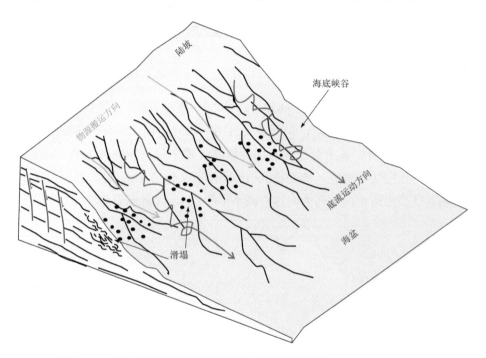

图2.30　琼东南滑坡带成因模式图（据陈泓君等，2012a）

第 / 三 / 章

海 底 峡 谷

第一节 海底峡谷定义与分类

深水环境中沉积物的输送通道有峡谷（canyon）、沟壑（valley）和水道（channel）三种。Saller（2012）基于下切深度对峡谷和沟壑进行了区分，峡谷的深度大于300 m，而沟壑的深度一般小于300 m。通常，深水水道表现为高弯度（Pyles et al.，2012），海底峡谷中流体活动以重力流为主，如滑动、滑坡、碎屑流、高密度浊流和低密度浊流等（徐尚等，2013）。海底峡谷是海底窄而深的长条形负地形，受到构造、陆源侵蚀、沉积物输入、海流和沉积物搬运的共同作用下形成，是侵蚀和沉积作用的动态平衡反映（Shepard，1981）。海底峡谷横剖面呈"V"形或"U"形（Shepard，1965；Jobe et al.，2011；Iacono et al.，2014）。峡谷口常为缓斜的海底扇地形。因海底峡谷所处的特殊地貌和地质背景，对海底峡谷的研究变得更为重要。

海底峡谷在全世界陆架边缘和上陆坡都有分布，而目前几乎在被动大陆边缘、主动大陆边缘、岛弧及海沟等所有构造环境中都发现了海底峡谷的存在。研究表明主动大陆边缘的峡谷数量比被动大陆边缘多15%（Harris and Whitewav，2011；毛凯楠和解习农，2014），发育在主动和被动大陆边缘的峡谷在长度、坡度、分叉、跨度上具有明显不同。主动大陆边缘发育的峡谷具有更多的分叉，排列较为紧密，但是发育长度较短。主动大陆边缘发育的峡谷间距是26.5 km，比被动大陆边缘发育的峡谷距离更近（图3.1，表3.1）（Harris and Whitewav，2011）。

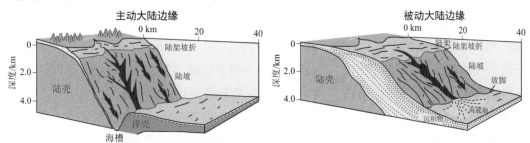

图3.1 主动大陆边缘和被动大陆边缘峡谷地貌特征图（据Harris and Whitewav，2011，修改）

表3.1 海底峡谷分类表

分类	发育位置	沉积特征	典型峡谷
陆架侵蚀型峡谷	陆架	有头型峡谷，与河流或三角洲关系密切，海平面下降导致的陆架下切作用起着重要的作用	珠江峡谷，高屏海底峡谷
陆坡限制型峡谷	陆坡	无头型峡谷或盲峡谷，峡谷的头部远离陆架坡折，终止于陆坡区域。发育浊流或块体搬运事件，与流体渗漏相关的沉积物失稳、退积型（溯源）滑坡、底流冲刷等因素相关	神狐海底峡谷特征区

根据海底峡谷在陆架-陆坡区域的发育位置及其与水系的关系，可将海底峡谷划分为陆架侵蚀型峡谷（shelf-incising canyons）和陆坡限制型峡谷（slope-confined canyons）（Harris and Whitewav，2011）（表3.1）。陆架侵蚀型峡谷主要发育于沉积物供给充足的陆架陆坡上，简称为有头型峡谷，有些峡谷头部和河流三角洲有直接关系，而有些峡谷的头部和河流三角洲无直接关系。陆坡限制型峡谷一般发育在沉积物供给不充足的区域，其上端一般没有河流沉积物的供给，简称无头型峡谷（毛凯楠和解习农，2014）。

第二节 海底峡谷形态和结构特征

一、海底地形地貌特征

利用高分辨率海底多波束测量系统，侧扫声呐系统可以定量精细刻画海底峡谷体系的剖面形态（深度、长度、坡度等）并进行对比。Cronin等（2005）根据沉积特征将峡谷划分为三个部分：侵蚀区、侵蚀-沉积区和沉积区。海底峡谷的横断面多数呈"V"形或"U"形，但峡谷东西两壁发育不对称，出现西缓东陡的特征，同一条峡谷的横断面形态在不同段也有变化。根据峡谷海底地形的形态特征将其分为三个段：峡谷上游段-头部、峡谷中游段、峡谷下游段-嘴部。在峡谷上游段-头部，峡谷地势起伏较小，沉积物变形较小，多主要为多期次滑移体。在峡谷中游段，峡谷下切作用增强，地势起伏增大，中游段变形强度最大，滑坡体是主要的类型。在峡谷下游段-嘴部，整体地势明显变平缓，表现为滑坡沉积，峡谷内部的沉积物充填导致峡谷起伏地形逐渐变平缓（图3.2）（王一凡等，2017）。

二、地震反射特征

地震反射特征显示南海北部陆坡峡谷两侧地层均为平行或亚平行状，在峡谷处突然中断。峡谷间的谷脊表现较为平滑，变形作用弱。在峡谷内部识别出了谷底沉积相以及谷壁滑坡相两种沉积充填相单元。在地震剖面上，峡谷侵蚀基底呈连续、强振幅反射，整体外形为上凹的碟状，它既是下部地层的削截面也是上部地层的上超面（图3.3）。

峡谷底部沉积相为峡谷内部流体减速、沉积物卸载而发生正常沉积的产物。它以稳定的强振幅为特征，连续性好，同相轴平行，整体呈透镜状，上超于侵蚀基底之上。峡谷底部沉积为峡谷轴向的沉积物充填，垂向上发育多个侵蚀不整合界面。

谷壁滑坡相则是事件沉积作用的产物，具有一定的偶发性，呈弱振幅、连续性差、杂乱地震反射特征，一般下超于侵蚀基底或谷底沉积相之上，多为侵蚀不整合接触，并且整体外形不规则，反映了沉积之前遭受的强烈揉皱变形作用，推测为峡谷两侧失稳的沉积物充填至峡谷的底部。

峡谷内部滑坡体包括单块滑移体、单期次滑坡体、单期次滑移块体、多期次滑坡体、滑移滑坡复合体（王一凡等，2017）。单期次滑移体具有透镜状、层状收敛的形态和中等强度、中等-较好的连续性地震反射特征。单期次滑坡体为楔状、弱-中等强度、杂乱反射。单期次滑移块体为透镜状、中等强度、较好连续反射。多期次滑移体为阶梯式、层状收敛，弱-中等强度、杂乱反射。多期次滑移-滑坡复合体为阶梯式、层状-楔状收敛，弱-中等强度、连续性-杂乱反射（图3.3）（付超等，2018）。

海底峡谷谷口扇的地震反射特征表现较均一、平行的内部反射模式，地层侧向连续性好，为披覆式沉积发育。这种连续反射的地层，可能是峡谷内部低速浊流形成的沉积物与半深海沉积物互层的表现，代表了低能的沉积环境（图3.3）（付超等，2018）。

峡谷区在快速沉积充填过程中可以划分成"三元"结构，即低位域、海侵域和高位域。对于低位域的峡谷区，大量的沉积物对底部侵蚀，形成明显的下切侵蚀谷，进而形成了峡谷区沟壑相间的特点。对于海侵域的峡谷区，海平面持续上升，但沉积物供给量下降。在地震反射特征上表现为下切侵蚀谷上部连续性较好、反射极性较强。对于高位域的峡谷区，海平面相对较高。此时沉积中心不断后撤，浊流沉积和近源滑坡不发育，在地震剖面上显示该层段大量发育波状平行反射，连续性较好（付超等，2018）。

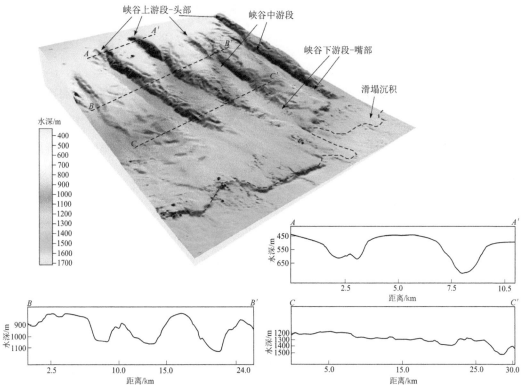

图3.2　南海北部陆坡限制性峡谷——神狐海底峡谷特征区典型地貌特征图

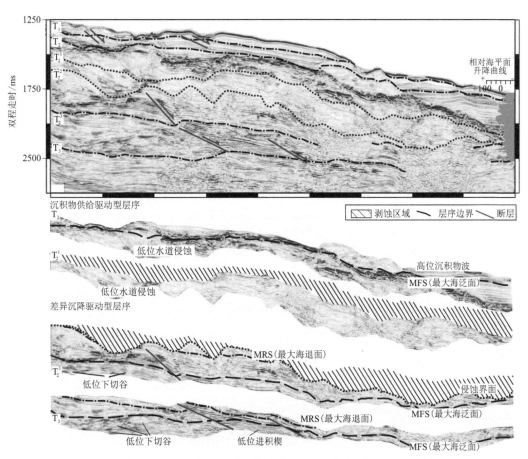

图3.3　峡谷不同体系域的地震反射特征图（据付超等，2018，修改）

第三节 南海主要海底峡谷分布特征

一、南海北部

南海北部大陆边缘发育了众多的海底峡谷,是陆源碎屑沉积物进入下陆坡和深海平原的主要路径,由东向西主要分布有九个大型峡谷(群):高屏海底峡谷、澎湖海底峡谷群、台湾浅滩南海底峡谷、东沙南海底峡谷、神狐海底峡谷特征区、珠江海谷、一统海底峡谷群、神狐西海底峡谷群以及西沙北海底峡谷群(图3.4,表3.2)。

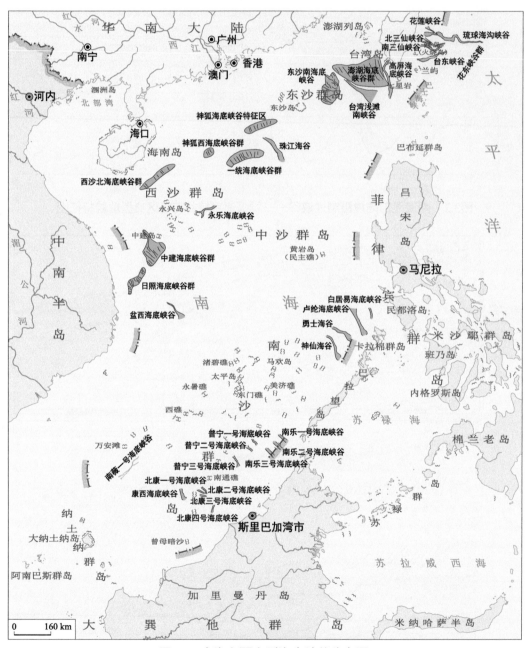

图3.4 南海主要大型海底峡谷分布图

表3.2　南海北部主要海底峡谷特征及成因表

序号	名称	位置	分布水深/m	主要特征	成因	备注
1	高屏海底峡谷	台湾岛西南侧陆坡	126～3600	呈北东－南西向延伸，长度约260 km，下切深度为350 m，直切陆架斜坡，与陆上河流高屏河相接，大约在120°E、21°N处汇至马尼拉海沟	构造抬升和侵蚀共同作用形成	Yu et al.，2009；韩喜彬等，2010；王玉宾等，2020
2	澎湖海底峡谷群	南海北部陆坡，台湾浅滩和澎湖列岛以南	200～4000	呈南北走向，下切最大深度约350 m，峡谷之间相隔1.5～24.6 km。峡谷上段地形复杂，大多呈"V"形下切，宽度较窄，下切深度较大，下游变宽缓，下切深度变浅、底部变平，呈"U"形	与台湾造山活动演化与西南前陆盆地前缘的迁移有关，第四纪晚期低水位时期，陆架大片出露，大量碎屑物质直达陆架边缘甚至上陆坡，重力流活跃，不断切割地层，逐步形成澎湖海底峡谷群	聂鑫等，2017；王玉宾等，2020
3	台湾浅滩南海底峡谷	台湾浅滩陆坡	200～3500	呈北西－南东向延伸，长度为150 km，下切深度为200～2500 m，峡谷的头部和上部呈V形下切，峡谷的中部和下部地形坡度明显减缓，呈U形	台湾浅滩南海底峡谷上段受陆地上韩江断裂向东南海域延伸的北西向断裂的影响，下段受海底火山与古琉球隐没带和马尼拉隐没带的古转换断层遗迹控制	吴庐山和鲍才旺，2000；徐尚等，2013；王玉宾等，2020
4	东沙南海底峡谷	东沙台地东面，澎湖海底峡谷群西南部上坡段	900～2760	由近十条北北西－南南东向为主的峡谷组成，长度为100～165 km、宽度为1～10 m，下切最大深度为700 m	可能是海底曲流切穿沉积物而形成	殷绍如等，2015
5	神狐海底峡谷特征区	南海北部白云凹陷北部陆坡	500～1700	由17条规模不一的顺直峡谷组成，整体呈北北西－南南东向或近南北向展布，长度为12～39 km，平面上呈喇叭状，横断面呈"V"形或"U"形，谷壁西缓东陡，下切最大深度约为450 m。峡谷两侧谷壁发育密集的断层和滑坡构造	峡谷的形成整体受构造格局的控制	朱林等，2014
6	珠江海谷	南海北部陆坡珠江口盆地白云凹陷	200～3200	呈北西走向，长258 km，总体呈横"S"形，横剖面宽阔的"U"形。最大切割深度为440 m，谷宽为10～65 km	主要受到新生代构造作用及海平面变化的控制。北北西－北西向断裂控制了峡谷及冲沟群的走向	金庆焕，1989；丁巍伟等，2013；高红芳等，2021
7	一统海底峡谷群	一统海丘南部	1500～3000	由九条规模不一的顺直峡谷组成，长度为10～24.5 km、谷口宽度为5～12 km，下切深度为150～500 m。峡谷群自陆坡呈北东向深海盆方向聚敛，横断面主要呈"V"形，谷壁对称发育，坡度较陡	主要与新生代构造运动、陆源沉积物质输入和海平面升降等相关	Luan et al.，2012；殷绍如等，2015
8	神狐西海底峡谷群	南海北部陆坡神狐海域	400～1040	由四条规模不等的海底峡谷及三条规模较小的槽谷组成，呈北西－北东或北北西－南南东向展布，长度为8～25 km、平均宽度为1.5～4 km，谷底下切深度为50～100 m，最大可达175 m。其横切剖面形态主要呈"U"形和"V"形	天然气水合物分解、区域构造和浊流的长期冲刷下逐渐形成	陈泓君等，2015
9	西沙北海底峡谷群	琼东南陆架坡折带东部	400～1800	北北东－南南西向平行展布，下切深度为100～500 m，长度为6～28 km、宽度为2～8 km，横剖面呈典型"V"形或"U"形	底流冲刷侵蚀作用形成	陈泓君等，2015

（一）高屏海底峡谷

高屏海底峡谷起源于台湾高屏河，穿过高屏陆架和广阔的高屏陆坡，总体呈北东-南西向延伸，全长约为260 km，大约在120°E、21°N处汇入至马尼拉海沟（图3.5）（Yu et al.，2009；王玉宾等，2020）。海底峡谷在台湾东港之外的3 km处，水深即达200 m，离岸25 km，水深即增达1000 m以上。峡谷的上方谷底宽度竟达1 km左右。西壁水深落差更大，该处即达500 m，谷口直插南海，最大水深可达1600 m。

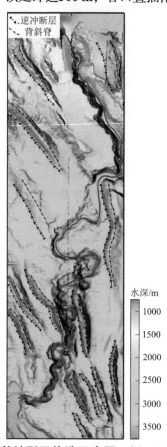

图3.5　高屏海底峡谷地形及构造示意图（据王玉宾等，2020，修改）

高屏海底峡谷可分为上、中和下三段。上段在上陆坡区呈南西向蜿蜒流入大海，水深范围为126～1750 m，地形变化大。中段峡谷水深为1750～2800 m，向东南方向笔直延伸，沿着狭长的陡崖向西南方向急转弯，与水深在2800～3600 m的下游相连，蜿蜒地沿着斜坡流向马尼拉海沟北部。高屏海底峡谷的走向和形态受到上游泥底辟侵入体和中下段逆冲断层活动的强烈控制，这些活动产生了峡谷河道的两个突出的急弯（Yu et al.，2009）。高屏海底峡谷为典型的直接由邻近造山带传送沉积物到前陆盆地堆积而成的海底峡谷。沉积物传输主要受到浪、流、潮等水动力作用主导，高屏海底峡谷的地形与附近陆架沿岸流场相互影响，河海系统与峡谷的相互作用包括河流注入海洋的陆源沉积物的沉降和运动过程，以及由外海来的沉积物往峡谷头运动的过程（韩喜彬等，2010；王玉宾等，2020）。

（二）澎湖海底峡谷群

澎湖海底峡谷群位于南海北部陆坡东北部、台湾浅滩和澎湖列岛以南，东侧为南海东部岛坡，西侧为笔架斜坡，南侧过渡到南海海盆，总面积约2.57万km²。海底地形切割强烈，形成众多海底峡谷。海底峡谷群地形向东南方向下降，峡谷宽度约为4500 m，峡谷之间相隔1.5～24.6 km，峡谷水深高差约为350 m（图3.6）。

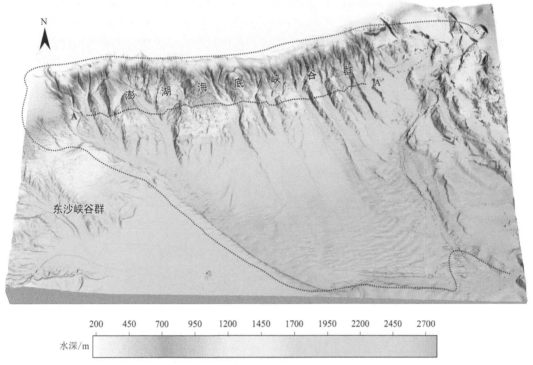

水深/m

200　450　700　950　1200　1450　1700　1950　2200　2450　2700

图3.6　澎湖海底峡谷群三维地形图

澎湖海底峡谷群水深范围变化大，从陆坡往下，水深为200～4000 m，不同水深位置峡谷的形态和沉积特点各异。受沉积物供给、水动力条件、地形地貌和构造活动的影响，从上游到下游，呈以下变化特点：峡谷上段地形复杂，大多呈"V"形下切，宽度较窄，下切深度较大，发育贯穿了整个第四系；随着地势降低，主峡谷向下游变宽缓，下切深度变浅、底部变平，呈"U"形底，次级峡谷向下游下切变弱并逐渐消失，峡谷中段的侵蚀下切深度较浅，仅影响到第四系上部沉积；峡谷下段地形趋于平缓，切割深度降低，在下陆坡各个分支合并，汇聚成一个大峡谷，水道呈底部宽缓的"U"形，峡谷中沉积物薄，成层性差。峡谷出口处向海盆呈喇叭形开口，多以浊流的形式输送沉积物（聂鑫等，2017）。

澎湖海底峡谷群上游以侵蚀作用为主，向下切割陆坡地层，地形剖面上表现为"V"形和"U"形。地震反射特征揭示下伏地层被下凹状反射削截，表明受到水流冲刷及块体搬运引起的侵蚀作用影响，峡谷内部未见现代沉积物充填，说明了峡谷内部在强的水动力条件下产生强烈的侵蚀作用，也说明峡谷内部目前仍处于下切侵蚀状态。峡谷两侧的充填堆积类似于"水道-天然堤"体系中水道两侧发育的天然堤，以强振幅、中-高连续、中频地震特征为主，外形为丘形，显示由于水道长时期侵蚀而导致的峡谷两侧的充填堆积。块体的搬运作用和强烈的侵蚀作用造成了澎湖海底峡谷群具有坡度大、地貌复杂的特点。谷内次级沟槽强烈发育，下切深度较大（图3.7）（聂鑫等，2017）。澎湖海底峡谷群的上段由若干北西向切割陆坡的分支海底峡谷组成，长度不大，陆坡沉积物下向侵蚀、崩塌及滑移是该段形成的主要原因。澎湖海底峡谷群上段滑坡壁、坍塌谷和陡坎十分发育，滑坡壁坡度达30°～45°，具有很强的活动性，由于陆坡斜坡表面水动力作用非常强烈，使发育于斜坡上坡段的峡谷顺势而下切割斜坡，延绵数十千米。

在华南陆缘裂解和南海扩张的时候，在澎湖海底峡谷群区域产生了一系列北西向的小张裂，这种小张裂可能就是峡谷群的前身。在海底发生断陷的过程中，海底高能浊流随之形成，并顺着张裂产生的沟谷从上陆坡向下流动，浊流的冲刷使沟谷不断扩宽拉长。峡谷发育与第四纪晚期海平面的变化有关，低水位时期，陆架出露，大量碎屑物质可以直达陆架边缘甚至上陆坡，此时重力流活跃，不断切割地层，逐步形成了澎湖海底峡谷群。

海底峡谷发育有滑坡，在地震剖面上表现为上部强相位突然变得不规则或断开，内部以杂乱反射特征为主，这与峡谷侧壁坡度较大有关，表明峡谷为活动性的地质因素，其不稳定性会引起地层失稳（图3.8）。

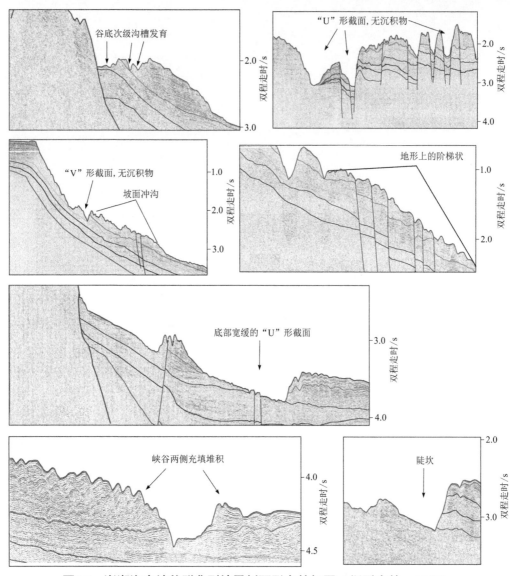

图3.7　澎湖海底峡谷群典型地震剖面形态特征图（据聂鑫等，2017）

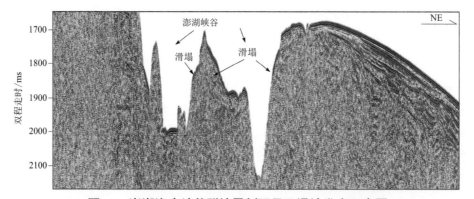

图3.8　澎湖海底峡谷群地震剖面显示滑坡发育示意图

（三）台湾浅滩南海底峡谷

台湾浅滩南海底峡谷由金庆焕（1989）命名，位于南海东北部陆坡，毗邻东沙隆起和台湾造山带，发育于台湾浅滩陆坡的被动大陆边缘环境。峡谷的主体全长约150 km，从陆架边缘水深200 m延伸到马尼拉海沟约3500 m处。在峡谷的头部（从陆架坡折到1200 m水深）有多个分支，它们向下切割至陆架边缘和上陆坡区域。除了峡谷的头部外，台湾峡谷还可以分成三段：上段（水深为1200～2500 m），呈现明显的"V"形下切，最大下切深度可达1000 m以上；中段（水深为2500～3000 m）和下段（水深为3000～3500 m）地形坡度逐渐减缓，横剖面呈"U"形，下切深度减小为200～300 m（图3.9）。

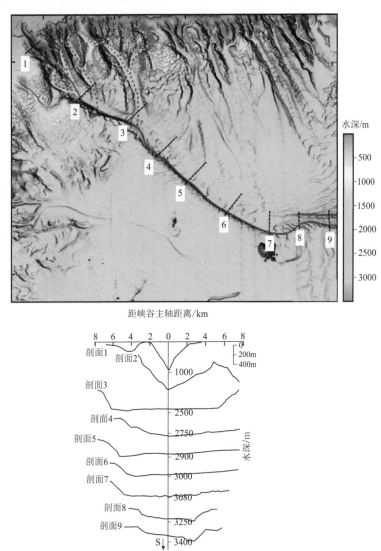

图3.9　台湾浅滩南海底峡谷地形特征（上）及其地形剖面图（下）（据王玉宾等，2020，修改）

台湾浅滩南海底峡谷上段受北西向断裂构造的控制，韩江断裂向南海陆缘的延伸部分使地层发生破碎形成沉积上的薄弱带，陆架边缘沉积物形成的重力流优先侵蚀薄弱地层，形成了与北西向断裂方向一致的台湾浅滩南海底峡谷上段和中段（王玉宾等，2020）。研究表明，台湾浅滩南海底峡谷的形成演化与沉积物供给、重力滑动（滑坡）、断裂活动和海底刺穿密切相关，主要成因包括：①由于陆源碎屑物质供应较充足，陆架边缘沉积物不断向海方向推进，在前缘形成滑动滑坡，为峡谷的形成提供了动力；②断裂活动导致地层破碎，重力流优先侵蚀较脆弱的地层，使峡谷的延伸方向与周边侵蚀沟壑呈明显斜交；③海底刺穿形成海山，由于海山的阻挡作用，峡谷的下段转为近东西走向，同时大量沉积物在拐弯处溢流出来形成沉积物波。

（四）东沙南海底峡谷

东沙南海底峡谷位于东沙台地东面，澎湖海底峡谷群西南部的陆坡上坡段，总面积约1.18万km²（图3.10）。东沙南海底峡谷由近十条北北西-南南东向为主的峡谷组成，众多峡谷呈树形最后汇集到南东走向的主峡谷，水深变化范围为900～2760 m。峡谷起源于东沙台地与笔架斜坡交界处，沿着南东方向倾斜下降，水深逐渐加大，到峡谷底部水深为2760 m，峡谷宽度范围为1000～10000 m，峡谷顶底水深最大高差约700 m。

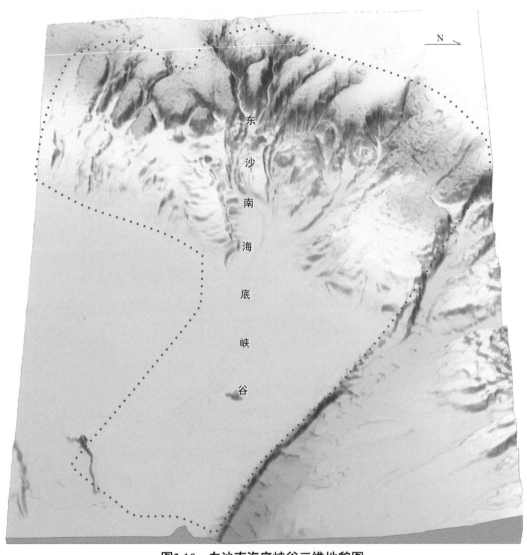

图3.10　东沙南海底峡谷三维地貌图

东沙峡谷是东沙南海底峡谷中一条大型峡谷，位于东沙群岛西南，一统暗沙和双峰海山之间，构造位置上属于珠江口盆地白云凹陷。该峡谷的走向开始为北北西向，向下则转为北西向，自南海北部陆坡一直延伸到深海平原，全长约为300 km。该峡谷呈喇叭形，在陆坡段较窄，进入深海平原后峡谷宽度急剧增加。海底峡谷上段切割深度为440 m，谷坡坡度为0°50′；中段切割深度为530 m，谷坡坡度为1°04′；下段接近深海平原处，切割深度为770 m，谷坡坡度为1°10′。

根据地震层序分析，在峡谷充填沉积物中识别出了多个古下切侵蚀面（图3.11）。地震相分析表明，该峡谷及有关沉积主要表现为平行上超充填、杂乱充填、丘状发散和迁移波状等地震相类型，分别解释为浊流或其他重力流沉积与半远洋沉积的交互、滑坡或碎屑流及峡谷底部滞留沉积、浊流溢流形成的天然堤，以及发育于天然堤或峡谷口外海底扇上的沉积物波。东沙峡谷的发育大致始于0.81～0.90 Ma时期。东沙峡谷最先形成于现今峡谷中游的上段，随着浊流或其他重力流不断地下切侵蚀，峡谷顺陆坡而下逐渐向海盆方向延伸，同时在溯源侵蚀作用下逆坡向陆架破折带方向延伸至现今峡谷头部。峡谷中的地震层序界面的年代大致可以与全球低海平面期进行对比，表明海平面变化是控制东沙峡谷多期下切-充填的重要因素。综合分析认为东沙峡谷的成因与台湾隆升及台西南前陆盆地的发育有关，但没有证据表明东沙峡谷的形成与断裂、岩浆活动等存在直接联系。陆坡重力搬运过程（包括滑坡及浊流）对东沙峡谷的形成演化具有重要影响（Luan et al., 2012；殷绍如等，2015）。

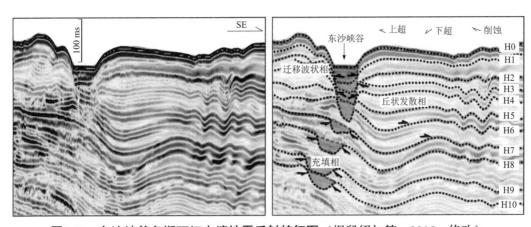

图3.11　东沙峡谷多期下切充填地震反射特征图（据殷绍如等，2015，修改）

（五）神狐海底峡谷特征区

神狐海底峡谷特征区位于东沙斜坡西北部，峡谷群水深图为500～1700 m，由17条规模不一的顺直峡谷组成，峡谷相邻排列，近乎均匀分布。峡谷并没有切穿陆架坡折（约200 m的水深线）（图3.12），因此也被称为无头型峡谷或盲峡谷。剖面上，峡谷宽度为1～8 km，峡谷两侧谷壁陡峭，坡度可达6.8°，下切最大深度约为450 m。

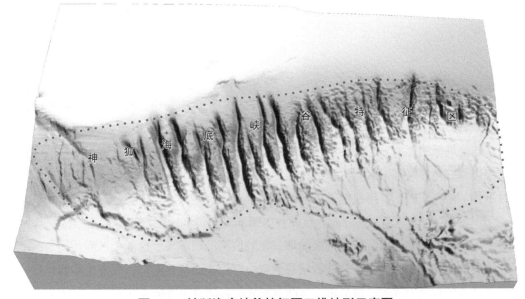

图3.12　神狐海底峡谷特征区三维地形示意图

峡谷大致上自北西向南东切割斜坡。自西向东，依次将其命名为1～17号峡谷。其中6号峡谷规模最大，延伸达27.5 km。峡谷整体呈"V"形，宽度北窄南宽，宽度范围为0.85～7.18 km，切割深度范围为150～1000 m。峡谷两侧陡峭的侧壁上，受重力作用，沉积物易发生失稳形成滑移或滑坡体。峡谷上段（水深1200 m以上）横剖面多呈"V"形，随峡谷延伸，峡谷宽度、下切深度、两侧谷壁坡度不断增大。峡谷下段（水深1200～1700 m），横剖面多呈"U"形，谷底明显增宽，峡谷宽度随峡谷延伸不变或略增大，下切深度逐渐减小。峡谷两侧谷壁发育不对称，出现西缓东陡的特征，且谷底最深处紧靠东侧谷壁（朱林等，2014）。

吴嘉鹏等（2011）认为峡谷的滑坡作用使得峡谷底部宽度变宽，但是由于滑坡体的充填，峡谷深度变浅。峡谷后续的流体继续侵蚀下切峡谷充填物，从而使得峡谷底部宽度再次变浅、深度变深，谷壁变陡导致滑坡作用的再次发生。经过滑坡、侵蚀以及随后的再滑坡作用，使得峡谷不断拓宽，峡谷中的沉积作用逐步加强。王一凡等（2017）利用地震资料对神狐海底峡谷特征区的稳定性做了分析，认为峡谷区沉积物失稳可以划分为六大类、九小类。将沉积物失稳的分布特征与陆坡限制性海底峡谷群的分段性特征进行耦合关联，认为峡谷群内的失稳主要受到自北向南充足的沉积物供给和陆架陆坡底形变化共同控制，沉积物失稳表现为阶梯状-波状的整体特征，中等连续性的内部结构。峡谷上游段-头部发育多期次的失稳滑移体，局部发育规模较小的滑坡体（图3.13）；峡谷中游段侵蚀能力较强，峡谷两侧具有陡峭的侧壁，在重力作用下，块体运动方向为峡谷脊部向谷底，中游段发育多期次滑坡体和滑移滑坡复合体；峡谷下游段-嘴部，侵蚀能力降低，峡谷内部沉积充填导致峡谷起伏地形逐渐变平缓，峡谷发育滑移块体。从沉积物失稳期次与强振幅反射、气烟囱等的空间匹配上，认为含气流体渗漏可能也是沉积物失稳的关键控制因素。

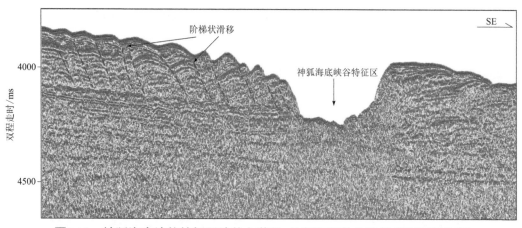

图3.13　神狐海底峡谷特征区峡谷上游段-头部沉积物失稳地震反射特征图

研究表明神狐海底峡谷特征区的形成演化受沉积物供给、沉积物失稳、地形地貌和流体渗漏的影响。南海北部充足的沉积物以陆架边缘三角洲的形式进入到陆坡区域，为侵蚀性沉积物流的形成提供了物质来源。受沉积物供给和陆坡坡降的影响，在峡谷区内发育滑坡，生成了峡谷的雏形并促进了峡谷的沉积演化。高海平面早期，陆架边缘三角洲带来的大量沉积物，在随着地形坡降发生自北向南输送的过程中，易于发生沉积物失稳，并对下伏地层造成冲刷，形成数量众多的小型水道。这些水道的延伸方向垂直陆坡走向，形成了一系列的轴向"负地形"。"负地形"一方面导致峡谷区沉积动力得到增强，产生对下伏地层明显的冲刷和侵蚀；另一方面，大量的沉积物会以沉积物失稳的形式在陆坡区堆积下来，这两个过程共同导致了现今海底峡谷的发育。在峡谷的演化过程中，由于较陡的峡谷侧壁，沉积物易从两侧向谷底发生失稳。此外，含烃流体沿着气烟囱构造发生的渗漏和逃逸，也会进一步凸显海底峡谷的地貌特征（刘杰等，2016）（图3.14）。

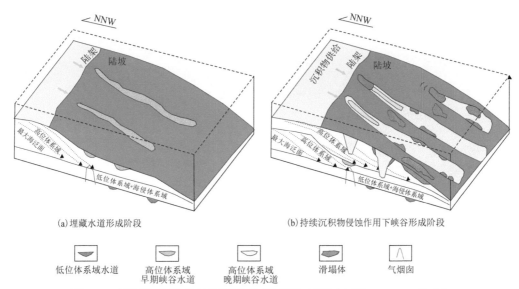

(a)埋藏水道形成阶段   (b)持续沉积物侵蚀作用下峡谷形成阶段

低位体系域水道　高位体系域　高位体系域　滑塌体　气烟囱
　　　　　　　　早期峡谷水道　晚期峡谷水道

图3.14 神狐海底峡谷特征区演化模式图（据刘杰等，2016，修改）

　　修宗祥等（2016）对南海荔湾3-1气田管线穿过的海底峡谷区六个典型斜坡剖面，分别采用有限元强度折减法和极限平衡法开展斜坡稳定性分析，计算结果对比表明，有限元强度折减法与极限平衡法分析结果一致，稳定系数相对误差小于3.5%。重力作用下各斜坡基本处于相对稳定状态。峡谷中下部土体强度较小且坡度较高的局部区域接近临界状态，峡谷头部因坡度相对较小且土体强度相对较大，其斜坡稳定系数相对较高。地震水平加速度能够明显降低该区斜坡的稳定系数，且随着加速度值的增大滑动深度逐渐变大。当水平加速度达到0.2g时峡谷中下部区域大部分会发生滑动。海底地形坡度和土层强度是影响峡谷区斜坡稳定性的主要因素，且稳定系数与滑动面对局部坡度和强度分布较为敏感。

（六）珠江海谷

　　珠江海谷，又称珠江口外海底峡谷（金庆焕，1989），构造上位于珠江口盆地白云凹陷，是南海北部陆缘发育规模最大的海底峡谷，呈横 "S" 形发育，整个峡谷除头部部分，大部分处于堆积充填状态，水道侵蚀弱。珠江海谷西边为一统斜坡，东边为东沙斜坡和神狐海底峡谷特征区，东南端融入深海平原，长约258 km、宽10～65 km（高红芳等，2021）。海谷发源于陆坡上部300 m水深处，切过陆坡的中下部，在3600 m水深处与深海盆地相接，高差为3300 m左右。海谷上部和下部走向为北西–南东向，中上部转为近东西向（图3.15）。该峡谷头部是经由沉积物冲刷剥蚀而形成的水道，而中段和下段是依托古地形形成的负地形。金庆焕（1989）认为其头部始于陆架区水深200 m处，最大切割深度为440 m，呈南东向展布，再转为近东西向前延伸了58 km。

　　谷底地形从北到南分陡—缓—陡—缓—陡五段，第一段谷底中部水深范围为360～1200 m，长度约63 km、宽为19～33 km，上窄下宽，地形稍陡峭，谷底坡度约为1°，最大切割深度为500 m；第二段谷底中部水深范围为1200～1900 m，长约61 km、宽为9～32 km，上窄下宽，地形稍平缓，谷底坡度约0.6°，最大切割深度为250 m；第三段谷底中部水深范围为1900～2600 m，长约48 km、宽30～35 km，地形坡度增大，谷底坡度约0.9°，最大切割深度为300 m；第四段谷底中部水深范围为2600～3200 m，长约58 km、宽15～75 km，3200 m水深处最窄，整条海谷最宽处在此处，因此地形相对也最平缓，谷底坡度约0.5°，最大切割深度为530 m；第五段谷底中部水深范围为3200～3600 m，长约37 km，地形稍陡峭，谷底坡度约0.8°，最大切割深度为400 m。海谷的切割深度为100～530 m，且随着水深的增加切割深度逐渐增大，两侧谷坡的坡度逐渐变陡。海谷下部有一条分支海谷向东边延伸，长约21 km、宽3.5～10 km，分支海谷中部谷底地势较高，向两端延伸，地势逐渐降低。海谷上部500～1400 m水深段，谷底发育有几条小型海底峡谷。

图3.15　珠江海谷三维地形示意图

地震剖面显示珠江海谷上段地层具有复杂的沉积结构（图3.16），有多期埋藏水道发育，并具有明显的向东迁移和垂向叠加的特点，表明峡谷上段发育经历了剥蚀—充填—迁移—再次剥蚀的循环过程（高红芳等，2021）。峡谷周围地层地震反射特征为中-强振幅、亚平行状或波状反射，连续性好。埋藏水道两侧地层为强振幅反射特征，内部为透明或亚平行状，由底部向两侧谷壁减薄。峡谷中段坡度降低，峡谷冲刷侵蚀作用减弱甚至停止，地震剖面未见埋藏水道，地层沉积以充填为主。峡谷尾段地震反射特征为平行状，低-中振幅，连续性好，表明该段位相对平静沉积环境（丁巍伟等，2013）。

高红芳等（2021）将珠江海谷划分为北、中、南三段，北段为过路侵蚀和水道下切，中段以水道充填和天然堤沉积为主，南段以水道-天然堤和朵叶体沉积共存为特征，揭示出北部陆坡珠江海谷是珠江口外陆缘物质输送至海盆深海平原的主要通道。地震资料表明峡谷南部主要为水道-天然堤沉积，发育多期重力流沉积作用，第一期水道下切现象十分显著（图3.16），最深可至150 m，内部反射振幅较弱，以杂乱结构为主，显示出沉积物的快速堆积。第二期水道下切现象较第一期减弱，总体为叠合透镜体，透镜体振幅底部较强，内部较弱，连续性中等，以叠瓦状结构为主（图3.16）。第三期西侧以侧向加积的水道-天然堤为主，内部为低角度叠瓦状结构（图3.16），东侧水道不太发育（高红芳等，2021）。

通过对该峡谷地形地貌以及地震地层综合研究，认为珠江海谷起源于13.8 Ma前的强烈海退。珠江海谷的形成主要受到新生代构造作用及海平面变化的控制，中新世以来白云凹陷强烈的沉降作用不仅使得该区成为显著的负地形，而且陆架坡折带也北移至白云凹陷北侧。21 Ma以来海平面的下降至陆架坡折带附近，陆架出露，古珠江可以直接穿越陆架到达坡折带，并向下陆坡及深水盆地倾泻物质，从而开始了珠江海谷及冲沟群的发育。研究区发育的北北西-北西向断裂控制了峡谷及冲沟群的走向（丁巍伟等，2013）。柳保军等（2006）认为现今的海底峡谷发育13.8 Ma以来，受海平面相对变化的影响相对较弱，主要受古地貌背景及其变迁的控制，沉积具有继承性。刘忠臣等（2005）对南海北部陆坡区的地形地貌进行研究表明，影响珠江海谷的主要因素是构造作用，而冰期海平面变化、沉积、水动力是辅助因素。而有的学者则认为珠江海谷的形成与珠江带来的大量陆上沉积物的搬运相关，形成了喇叭形的水道（丁巍伟等，2013）。苏明等（2015）认为珠江海谷会对有利沉积体进行破坏和改造，并影响水合物的分布和实际产出。此外，峡谷侵蚀-沉积作用导致了先前形成的水合物的分解，一部分的甲烷等气体将会进入到海水之中，而受有利沉积体上部细粒均质层的遮挡，大部分的含气流体将被"继续"限制在有利沉积体之中而形成新的水合物，这可能是该区域内细粒沉积物中水合物饱和度较高的原因（图3.17）。

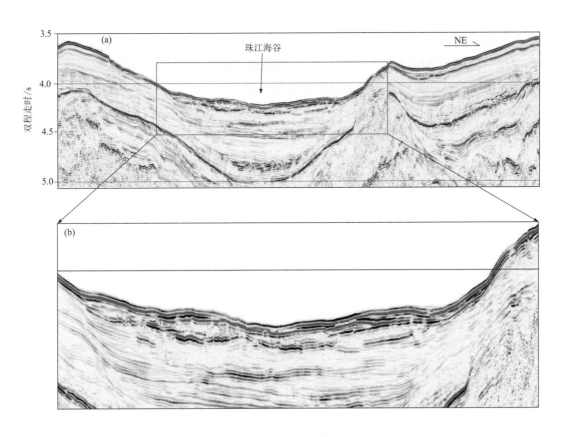

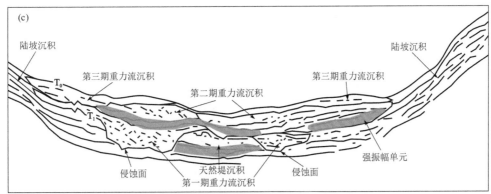

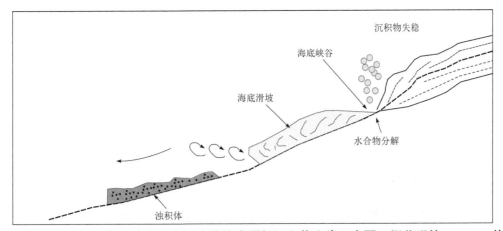

图3.16　珠江海谷地震剖面特征图（据高红芳等，2021，修改）

图3.17　海底峡谷侵蚀作用造成的含烃流体的渗漏与沉积物失稳示意图（据苏明等，2015，修改）

（七）一统海底峡谷群

一统海底峡谷群位于南海陆坡中西部1500～3000 m水深段，由九条规模不一的相邻峡谷组成（图3.18）。九条海底峡谷自陆坡向深海盆方向呈聚敛形，其中，C1、C2、C3峡谷规模大，分布范围广，C4～C9峡谷平面形状相近，平行排列，规模小。各峡谷横断面主要呈"V"形，偶见"U"形，两侧峡谷壁基本呈对称发育，坡度较陡（伊善堂等，2020）。

图3.18 一统海底峡谷群三维地形示意图

1. 峡谷群西段沉积特征

地震剖面显示受多条断裂控制地层呈阶梯状，C2和C3峡谷在剖面上表现为"V"形和"U"形发育，海底斜坡重力滑坡面发育，下部第四系明显减薄，但未完全缺失，T_2～T_3层偶见杂乱反射，自陆坡向海盆海底地层顺斜坡向下尖灭，峡谷谷底部分地层缺失（图3.19）。

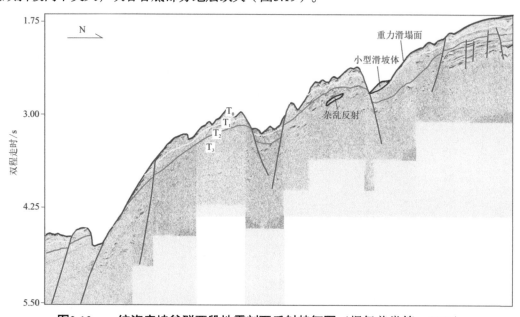

图3.19 一统海底峡谷群西段地震剖面反射特征图（据伊善堂等，2020）

2.峡谷群中段沉积特征

地震剖面显示C7峡谷整段剖面地层完整，未见明显缺失。剖面上半部发育两组断层，地层呈平行或亚平行反射结构，具有良好的连续性；剖面下半部以平行反射结构为主，其上发育两组明显的大型滑坡（图3.20），该滑坡体主要分为两级滑坡，两级滑坡基本平行，均呈近似长条弧形，两级滑坡体顶部滑坡壁上均存在明显的滑坡残留，顶部滑坡体较完整，未发现明显划裂。

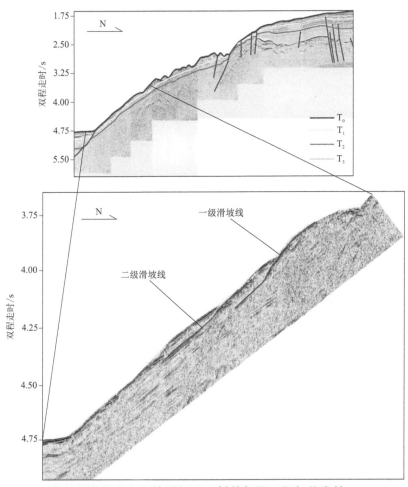

图3.20　一统海底峡谷群中段地震剖面反射特征图（据伊善堂等，2020）

3.峡谷群东段沉积特征

地震剖面显示峡谷群东段陆坡斜坡海底地层以平行和亚平行反射特征为主，地层连续性和整体性均较好，仅在斜坡中部和上下两端可见零星几条断层，规模不大（图3.21）。斜坡中段发育大规模海底滑坡，其特征与一统海底峡谷群西段、中段地震剖面反射特征的海底滑坡基本一致，但东段上单条滑坡体的规模、滑坡残留厚度及分布范围均较大。

一统海底峡谷群形成的控制因素主要与新生代构造运动、陆源沉积物质输入和海平面升降等相关。晚中新世以来，受西沙海槽区域沉降活动的影响，一统海底峡谷群周围海底在拉张作用下逐渐下切，海底坡度明显增大，并伴随着强烈的断裂活动，初步形成峡谷的负地形地貌，同时，来自北部陆架的充足沉积碎屑自陆坡顺势滑下，形成较强密度的重力流，为峡谷的形成及切割地形提供了初始动力。相对海平面变化直接改变了研究区的沉积环境，为陆源碎屑物质的搬运提供了更加直接的通道，在此基础上，海底峡谷等负地形的发育演化更加容易（伊善堂等，2020）。

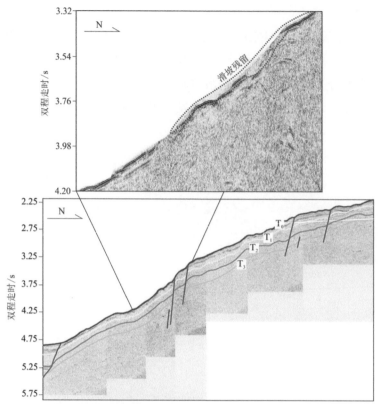

图3.21　一统海底峡谷群东段地震剖面反射特征图（据伊善堂等，2020）

（八）神狐西海底峡谷群

2008年，广州海洋地质调查局通过高分辨率多波束水深调查，在南海北部陆坡神狐海域，即珠江口盆地西部顺德–开平凹陷发现了新的海底峡谷群——神狐西海底峡谷群（图3.22）。该峡谷群主要由四条规模不等的海底峡谷（峡谷A、峡谷B、峡谷C及峡谷D）及三条规模较小的槽谷（槽谷1、槽谷2及槽谷3）组成，峡谷和槽谷相间排列，其中以峡谷C和峡谷D规模最大（图3.23）。槽谷无论其宽度、深度及延伸长度均小于峡谷。峡谷及槽谷平面形态有直线形和喇叭形两种，峡谷喇叭口朝下陆坡方向。峡谷群内侧谷壁坡度较陡。最大坡度可达15°。峡谷和槽谷大致呈北西–南东或北北西–南南东向展布，统计结果表明其延伸长度为8～25 km、平均宽度为1.5～4 km，谷底下切深度为50～100 m，最大可达175 m。其横切剖面形态主要呈"U"形和"V"形（表3.3）。

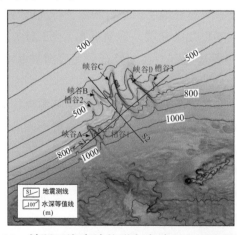

图3.22　神狐西海底峡谷群海底地形和测线分布图

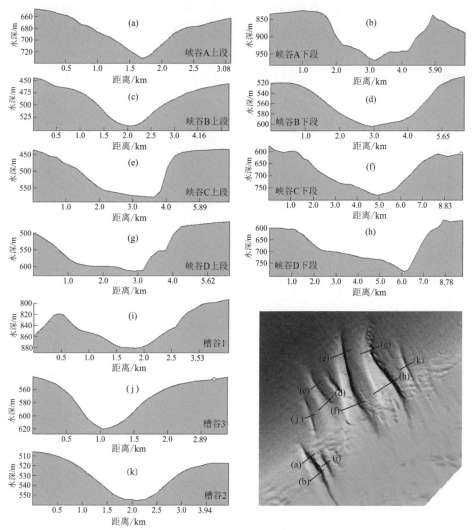

图3.23　神狐西海底峡谷群地形剖面图

表3.3　神狐西海底峡谷群主要地形参数特征表

编号	谷源水深/m	末端水深/m	走向	长度/km	平均宽度/km	下切最大深度/m	平面类型
峡谷 A	664	1040	北西－南东	19	2	100	直线形
峡谷 B	440	600	北西－南东	11.5	2.5	80	喇叭形
峡谷 C	400	850	北北西－南南东	25	4	175	喇叭形
峡谷 D	420	850	北北西－南南东	24	4	175	喇叭形
槽谷 1	700	960	北西－南东	8	2	60	直线形
槽谷 2	460	685	北北西－南南东	11	1.5	50	直线形
槽谷 3	540	750	北北西－南南东	12	1.5	60	直线形

地震剖面S1揭示U1地层内发育2组断层，每组断层由4～5条正断层组成，断层断距约5～10 m，大致呈北西向延伸，与峡谷展布方向平行。在峡谷区中部，局部地层呈低连续或杂乱反射，可能与后期局部活动断层有关（图3.24）。此外，U1地层内发育小规模岩浆侵入体，岩体宽约5 km，内部呈杂乱反射，其顶面为强振幅反射，与地层呈不整合接触关系。从岩体与U1地层接触关系看，其形成时间较晚，推测为U1层形成之后，深部岩浆沿断层通道侵入，并导致地层上拱并轻微褶皱变形（图3.25）。

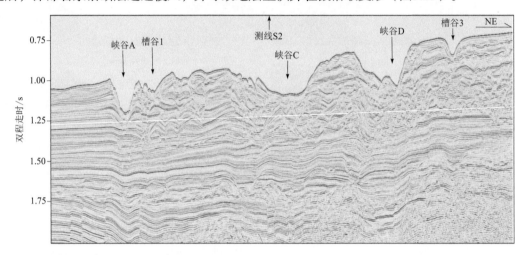

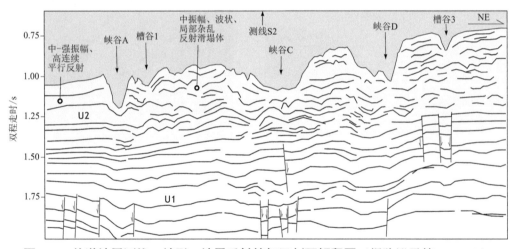

图3.24　单道地震测线S1地形、地震反射特征及剖面解释图（据陈泓君等，2012b）

地震剖面S2显示U2地层地震相总体上以高频、强振幅、中-高连续、平行-亚平行波状反射，席状披覆外形特征为主。在北东-南西方向上厚度变化较均匀，厚度为400～450 m，北西方向上该层呈楔状分布，往下陆坡方向厚度逐渐减薄，由400 m减薄至250 m。

峡谷区U2地层地震反射特征以杂乱或低连续反射为主。地震剖面揭示该层内部发育一组犁式正断层。断层间距约500 m，沉积物沿断层面向下滑动且内部发生褶皱变形，并在海底形成波状起伏的滑坡痕。地震反射特征表明U2地层上部在峡谷区可能受到强烈扰动，并在海底形成滑坡体（图3.25）。

峡谷区下陆坡处U2地层顶部发育一套厚度约10 m的地层，其地震相特征为弱振幅、杂乱反射，楔状外形，往下陆坡方向逐渐加厚并覆盖在下部的高频、中振幅、高连续地层之上，推测为一套与滑坡有关的浊流沉积（图3.25）。

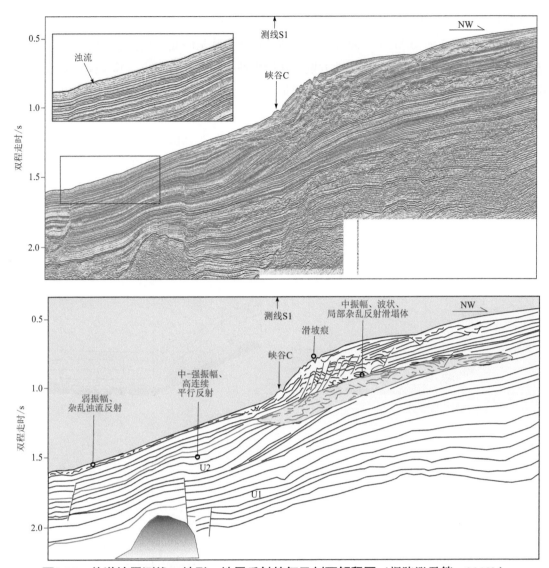

图3.25　单道地震测线S2地形、地震反射特征及剖面解释图（据陈泓君等，2012b）

神狐西海底峡谷群地层以杂乱或波状反射为主，存在大规模的滑坡体，而在峡谷区外围，地层以高连续，平行-亚平行反射为主，表明峡谷区发育的滑坡体有可能与该区丰富的天然气水合物分解有关。天然气水合物分解可造成近海底浅层结构发生巨大变化，使得原本在稳定条件下形成的连续沉积层结构发生松散、液化，并沿着断层发育方向，即构造稳定性较差的方向形成滑坡，并在海底形成峡谷的雏形，随后在浊流的长期冲刷下逐渐形成现今的地貌形态（陈泓君等，2015）。峡谷的发育经历了四个时期。

（1）地层稳定期（11.5～5.3 Ma）：该时期海平面快速下降，陆源碎屑物质被搬运至陆坡区，沉积速率较高[图3.26(a)]。

（2）滑坡发育期（约5.3 Ma）：较高的沉积速率，导致沉积物内部形成超压孔隙水和弱胶结力，且天然气水合物分解为发生滑坡提供了基本条件，当诱发滑坡的应力减弱并小于滑坡体前部地层的阻力时，滑坡体停止移动[图3.26(b)]。

（3）沉积物波形成期（5.3～0 Ma）：沉积物波开始形成于5.3 Ma。在等深流和内波的作用下，峡谷区沉积物波开始形成。内波在沉积物波的上游坡侧减速，在波的下游侧壁加速流动，在流速变缓的地方，较多的沉积物在沉积物波的上游侧壁堆积，随着时间的推移，沉积物波形也发生迁移。在等深流的作用下，沉积物波由底部开始，朝西南方向缓慢地向上变迁[图3.26(c)]。

（4）峡谷形成期（2.6～0 Ma）：海底峡谷的地貌特征显然是海底沉积物侵蚀的结果。在陆坡区沉积物波形成的基础上，海底局部地形陡峭的地方发生初始滑坡，峡谷开始形成，其规模在底流、浊流以及峡谷头部的滑坡冲刷下逐渐扩大。初始滑坡形成的滑坡痕，在随后不断发生溯源侵蚀，逐渐发育形成槽谷以及峡谷形态。峡谷不断下切和溯源侵蚀，导致坡壁变陡，又反过来促使头壁和两侧坡壁发生进一步的滑坡。峡谷的轴部沿着峡谷形成一个活动带，在此活动带内，峡谷头部以及两侧滑坡沉积物沿着此带被搬运到平坦的峡谷底部。峡谷内部的水流足够把滑坡沉积物冲刷下去，在峡谷口以及下陆坡处形成浊流或碎屑流沉积[图3.26(d)]。随着时间的推移，峡谷不断扩大，顺着头部的方向朝北西方向发展。在浊流、等深流、碎屑流和沿着陆坡方向的下切底流共同作用下，形成现今的海底峡谷[图3.26(e)]。

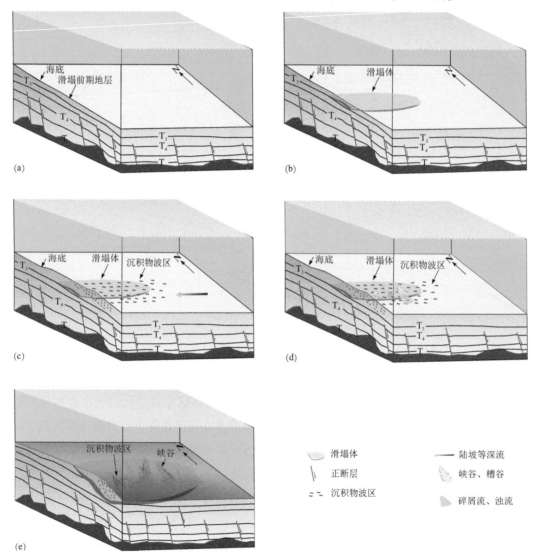

图3.26　三维模型揭示神狐西海底峡谷群、滑坡以及沉积物波的演化发育过程示意图（据陈泓君等，2012b）

（a）地层稳定期（11.5～5.3 Ma）；（b）滑坡发育期（约5.3 Ma）；（c）沉积物波形成期（5.3～0 Ma）；
（d）峡谷形成期（2.6～0 Ma）；（e）现今海底峡谷

（九）西沙北海底峡谷群

位于琼东南陆架坡折带东部，该区地形复杂，水深变化大，坡折带水深范围为400～1500 m，宽约30 km，高差达1100 m。资料表明水深小于400 m的区域以及1800 m以深部分地形非常平坦，坡度仅为1°，而在坡折带范围内，地形变化较大，坡度较陡，平均坡度为10°，最大坡度可达15°（图3.27）。

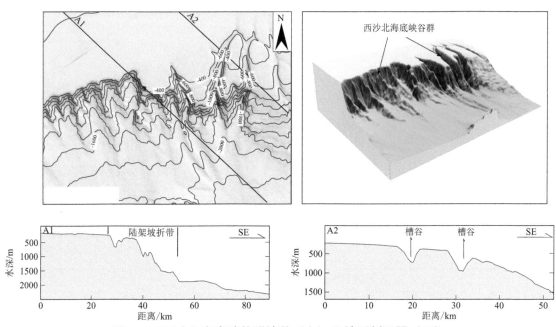

图3.27　西沙北海底峡谷群地貌（上）及地形剖面图（下）

西沙北海底峡谷群非常发育，其中有两条规模较大的峡谷，平面上呈树枝分叉状，北北东-南南西向平行展布，水深范围为400～1800 m。单个峡谷平面上呈直线形，谷身平直，开口朝南南西向，横剖面呈典型"V"形截面，峡谷长约28 km、宽3～4 km，下切深度最大达500 m（表3.4）。峡谷头部在北北东方向上，于上陆坡400 m处交叉汇聚。

此外，西沙北海底峡谷群西侧发育一系列规模相对较小的槽谷，呈北北西-南南东向平行排列，开口朝南南西向，与东侧两条规模较大的槽谷延伸方向相反，平面形态呈"U"形或"V"形。槽谷起源于400 m水深处，水深范围为400～1600 m，长为13～25 km、宽3～4 km，下切深度为250～300 m。槽谷两侧谷壁陡立，坡度为7°～10°。

表3.4　西沙北海底峡谷群形态特征

区段	槽谷形态	水深范围/m	走向	宽度/km	长度/km	下切深度/m
东段	"V"形	400～1800	北北东-南南西或北北西-南南东	3～4	13～28	250～500
中段	"U"形、"V"形	400～800	北西-南东	2～8	6	100～300

单道地震剖面显示琼东南陆架坡折带东段地震反射特征总体上以强振幅、高频、平行中–高连续特征为主（图3.28、图3.29）。在下陆坡处，局部地段发育浅断层并切割至海底，形成小型陡坎。

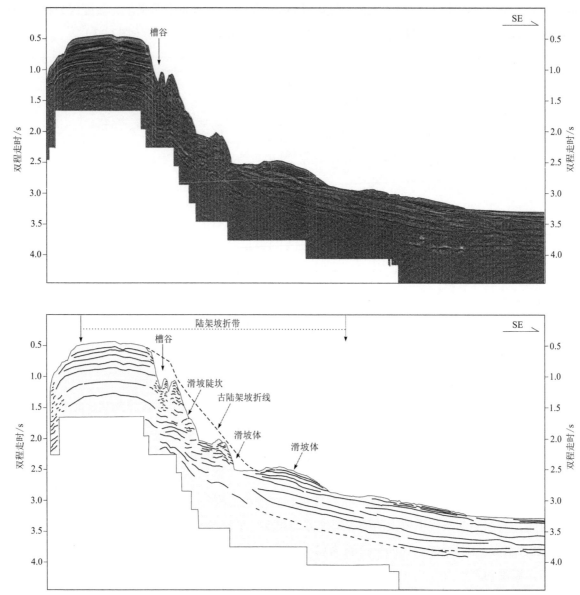

图3.28　西沙北海底峡谷群单道地震反射特征（上）及解释剖面图（下）（一）（据陈泓君等，2015）

在峡谷区以及两侧谷坡处，地震反射以中–低连续、杂乱特征为主，表明峡谷区地层受到后期扰动，局部地段发生小规模滑坡。

地震剖面显示，琼东南陆架坡折带以侵蚀作用为主，从而形成下切深度大、延伸长的海底峡谷及槽谷。大量的坡折带沉积物被冲刷并搬运到深海盆地，从地形剖面可恢复其古陆架坡折带的大致位置，古陆架坡折带总体上以平滑地形为主，后期的底流冲刷对其原始形态进行改造，古陆架坡折带发生后退，形成现今复杂的地貌形态。

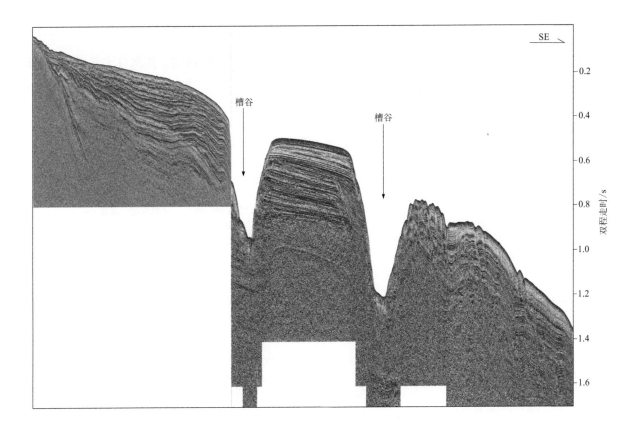

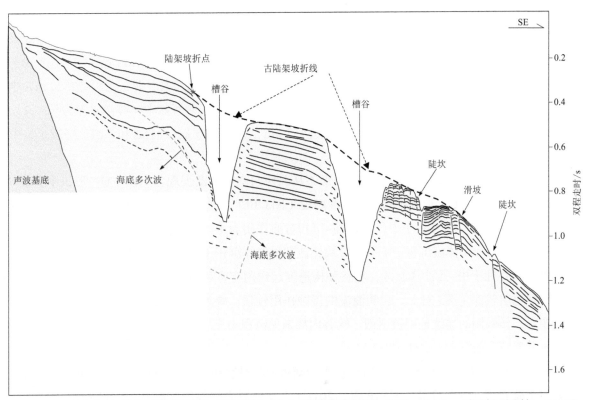

图3.29 西沙北海底峡谷群单道地震反射特征（上）及解释剖面图（下）（二）（据陈泓君等，2015）

二、南海西部

南海西部陆坡上的海底峡谷群是由于陆坡斜坡表面水动力作用非常强烈，使发育于斜坡上坡段的冲刷沟谷，顺势而下切割斜坡形成的。西部陆坡发育了三个峡谷（群）：盆西海底峡谷、日照海底峡谷群和中建海底峡谷群（图3.4，表3.5）。

表3.5　南海西部主要海底峡谷特征

序号	名称	位置	分布水深/m	主要特征	成因	备注
1	盆西海底峡谷	南海西部陆坡，起源于中建南海盆中东部，直至南海西南次海盆	2850～4300	呈北西-南东向延伸，长度为188 km、谷宽1.5～14.5 km，最大下切深度572.3 m，横断面主要呈"V"或"U"形，谷壁坡度为0.4°～20.9°	区域构造，底流侵蚀作用与盆西海底峡谷的形成有密切关系	祝嵩等，2017；罗伟东等，2018
2	日照海底峡谷群	南海西部陆坡，南靠中建南海盆	240～2460	呈北西-南东向展布，谷宽2～15 km，峡谷群由众多规模不一的数十条的相邻峡谷组成，切割深度为100～400 m，峡谷群面积为5780 km²	峡谷和构造隆起作用有密切关系	祝嵩等，2017
3	中建海底峡谷群	位于南海西部陆坡，北连中建北台，南抵中建南斜坡和中建阶地	760～1440	呈北西-南东向延伸，谷群南北长约150 km、宽为3.6～40 km，峡谷群由众多的小型峡谷构成，峡谷群面积达4700 km²	峡谷和构造隆起作用有密切关系	祝嵩等，2017

（一）盆西海底峡谷

盆西海底峡谷位于南海西部陆坡，起源于中建南海盆中东部，直至南海西南次海盆，是大型陆坡限制型峡谷，整体呈北西向，水深为2850～4300 m，全长约188 km、宽为1.5～14.5 km（图3.4、图3.30）。峡谷中的盆西水道流经盆西海岭，长约120 km。盆西水道上游位于中建南海盆，源头水深为2820 m，中游峡谷切过盆西海岭，下游在深海盆地，由双龙海盆汇入长龙海山链的长龙海盆中，终点水深为4637.7 m，盆西水道从北西方向往南东方向蜿蜒延伸，总长度约457 km、宽为2～5 km，上游和下游比降较小，中游峡谷段比降较大。

盆西海底峡谷具有"分段性"特征，剖面形态从北西向南东依次表现为上段"U"形、中上段"V"形、中下段下"V"上"U"形和下段"U"形四段（图3.30）。上段以沉积作用为主，发育多期下切河道，充填沉积厚度可达1200 m；中上段以侵蚀-沉积过渡作用为主，发育浊积水道砂体；中下段以冲刷作用为主，发育内堤岸和块体流沉积；下段发育块体流和滑坡体沉积（罗伟东等，2018）。

盆西海底峡谷处于中-西沙隆起区，峡谷和构造隆起作用有密切关系，由北西向南东方向倾斜。盆西海底峡谷切割地层较深（图3.31），表明浊流的侵蚀作用较强。峡谷内部为强振幅反射，地质解释为深切水道的细砂岩，其两侧的连续地层被削截，峡谷内部未见沉积物充填，表明峡谷处于下切侵蚀状态。盆西海底峡谷内出现较多的滑坡崩塌体（图3.31）。

盆西海底峡谷沉积演化可分为三个阶段：中中新世峡谷孕育阶段、晚中新世峡谷侵蚀-充填阶段、上新世—第四纪峡谷"回春"阶段（罗伟东等，2018）。盆西海底峡谷的形成受古地貌条件、侵蚀-沉积作用、海平面变化、构造运动、岩浆活动等多方面的影响，其中侵蚀-沉积作用、断裂活动、海平面变化为主控因素（祝嵩等，2017；罗伟东等，2018）。调查发现控制峡谷形态演化的主要是位于峡谷两侧北西和北北西向断裂。北西向断裂发育数量少，规模中等，平面上延伸长60～100 km，主要沿盆西海底峡谷方向发育，为正断层。断层控制了峡谷的发育，对沉积作用控制强。

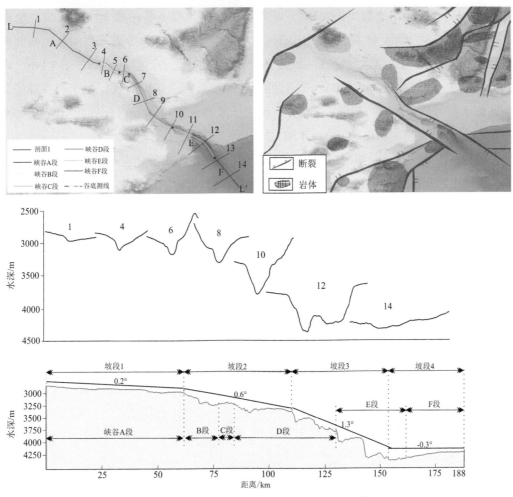

图3.30　盆西海底峡谷地形剖面图（据罗伟东等，2018）

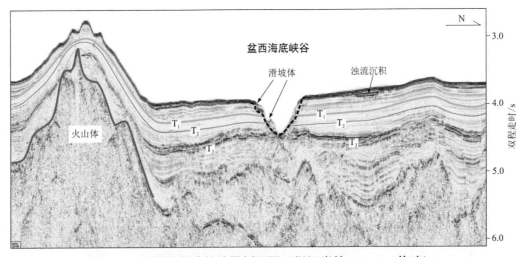

图3.31　盆西海底峡谷地震剖面图（据祝嵩等，2017，修改）

（二）日照海底峡谷群

日照海底峡谷群位于南海西部陆坡中部240～2460 m水深段，东临重云麻坑群，北部与中建阶地和中建南斜坡相连，南靠中建南海盆（图3.4）。峡谷群由众多规模不一的数十条相邻峡谷组成，规模较大的峡谷主要位于峡谷群中部。峡谷由北西向南东切割陆坡，也发育部分近东西向和近南北向的峡谷。峡谷群平面形态不规则，峡谷总体发育在一坡度约1°～2°的斜坡上，峡谷宽约2～15 km，切割深度约为100～400 m，整个峡谷群面积为5780 km²。日照峡谷规模最大、长度最长，位于峡谷群的北部，呈近东西走向，发源于南海西部陆坡坡折线544 m处，消失于峡谷东部1100 m水深处，全长约为68.5 km，宽度范围1.3～2.2 km，最大切割深度为230 m（图3.32）。

日照海底峡谷群西北、西部、东南边缘均受断层控制。峡谷群的各分支末端发育较多的小型扇状沉积体，表明了浊流作用的存在。峡谷的形成与区域构造和底流侵蚀作用密切相关（祝嵩等，2017）。

图3.32　日照海底峡谷群三维晕渲示意图

（三）中建海底峡谷群

中建海底峡谷群位于南海西部陆坡中建阶地东部，北连中建北海台，南抵中建南斜坡，西邻中建阶地，东接中建南斜坡。峡谷群由众多的小型峡谷构成，南段峡谷多为南东向倾斜切割阶地，中段峡谷向北西倾斜下降，北段峡谷向北、东倾斜下降（图3.33）。

中建海底峡谷群中段水深约为760 m，南北两端谷底的水深分别为1440 m、1290 m。峡谷群南北长约150 km、宽3.6～40 km，其中，中段最狭窄、南段最宽，面积达4700 km²。单个峡谷宽度为0.5～9.4 km，大多数在1 km左右。峡谷群中亦发育有数量巨大的圆形、椭圆形麻坑。

中建海底峡谷群处于广乐隆起区和中部隆起区，同时南部边缘受断层控制，表明峡谷形成和构造隆起、断裂有密切关系。中建海底峡谷群各峡谷分支的末端发育较多小型扇状沉积体，表明浊流作用的存在。粗颗粒的碎屑物沿着海底峡谷而下，在峡谷出口由于坡度变缓而形成浊流沉积。有的峡谷底部留有浊积物，因此峡谷的发育和浊流有密切关系，海底峡谷既是浊流侵蚀的产物，也是浊流运行的通道（图3.34）。

由于南海西缘断裂带的影响，南海西部中建南斜坡的坡度较大，第四纪冰期期间，海平面下降，海流作用尤其是浊流影响加强所致。一般来说，浊流规模大且速度快，具有很强的侵蚀、搬运能力，因而它对海底沉积物的沉积和海底地貌形态的塑造起着重要作用。海底峡谷底部以松散的浊流或碎屑流沉积为主，结构松软，抗剪强度差，不稳定性强，容易导致滑坡发生（祝嵩等，2017）。

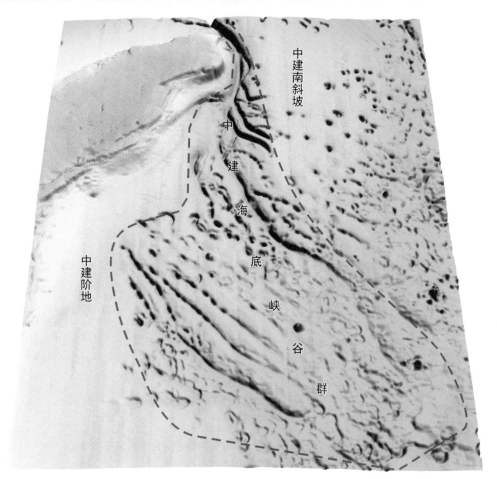

图3.33 中建海底峡谷群地形示意图

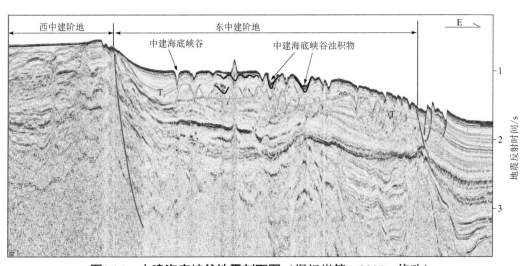

图3.34 中建海底峡谷地震剖面图（据祝嵩等，2017，修改）

三、南海南部

南海南部的巽他陆架到陆坡发育众多的海底峡谷,这些峡谷规模大小不一,其基本上由陆架下切至陆坡,部分峡谷延伸至深海盆区(图3.4,表3.6)。南海南部主要发育有普宁海底峡谷群、南薇一号海底峡谷、康西海底峡谷、北康海底峡谷群、南乐海底峡谷群等。

(一)普宁海底峡谷群

1. 普宁一号海底峡谷

位于南沙海槽西北陆坡的北部,从北西向南东倾斜延伸至南沙海槽槽底平原,长约42.5 km、宽约4.1 km。峡谷发育在水深为1700~2910 m,高差约1210 m。沿着峡谷倾斜方向,坡度约2.0°。切割深度约195 m,两侧斜坡坡度约11°(图3.35)。

表3.6　南海南部主要海底峡谷特征

序号	名称		位置	分布水深/m	主要特征
1	普宁海底峡谷群	普宁一号海底峡谷	南沙海槽西北陆坡的北部	1700~2900	呈北西-南东向延伸至南沙海槽槽底平原,长约42.5 km、宽约4.1 km,切割深度约195 m
2		普宁二号海底峡谷	南沙海槽西北陆坡的北部	1845~2915	呈北西-南东向延伸至南沙海槽槽底平原,长约41.7 km、宽约4.0 km,切割深度约80 m
3		普宁三号海底峡谷	南沙海槽西北陆坡的北部	1895~2870	呈北西-南东向延伸至南沙海槽槽底平原,长约45.8 km、宽约4.4 km,切割深度约80 m
4	南薇一号海底峡谷		南薇海盆	250~1110	呈南西-北东向延伸至南薇海盆,长约22.6 km、宽1.5~5.0 km,切割深度约174 m
5	康西海底峡谷		南沙陆坡西南部	200~1730	呈北西-南东向延伸至南薇海盆,长约65.4 km、宽约9.7 km,切割深度为90~200 m
6	北康海底峡谷群	北康一号海底峡谷	南沙海槽陆坡	1697~2450	呈北西-南东向延伸至南薇海盆,长约20 km、宽约4.6 km,切割深度为90~130 m
7		北康二号海底峡谷	南沙海槽陆坡	1300~2425	呈东西向延伸至南薇海盆,长约24.5 km、宽约4.6 km,切割深度约340 m
8		北康三号海底峡谷	南沙海槽陆坡	444~2330	呈东西向延伸至南薇海盆,长约56.5 km、宽约6.6 km,切割深度约146 m
9		北康四号海底峡谷	南沙海槽西南陆坡	277~1632	呈南西-北东向延伸至南薇海盆,长约23.5 km、宽约5.5 km,切割深度约185 m
10	南乐海底峡谷群	南乐一号海底峡谷	南沙海槽东南陆坡	1712~2885	呈北西西-南东东向延伸至南沙海槽槽底平原,长约29.9 km、宽约2.8 km,切割深度约11 m
11		南乐二号海底峡谷	南沙海槽东南陆坡	1730~2898	呈北西西-南东东向延伸至南沙海槽槽底平原,长约27.7 km、宽约7.5 km,切割深度约28 m
12		南乐三号海底峡谷	南沙海槽东南陆坡	1460~2910	呈北西-南东向延伸至南沙海槽槽底平原,长约27.8 km、宽约3.9 km,切割深度约48 m

2. 普宁二号海底峡谷

位于南沙海槽西北陡坡的北部，普宁一号海底峡谷的南边。峡谷从北西向南东倾斜延伸至南沙海槽槽底平原，长约41.7 km、宽约4.0 km。峡谷发育水深为1845～2915 m，高差约1070 m。沿着峡谷倾斜方向，坡度约1.6°。切割深度约80 m，两侧斜坡坡度约为10°（图3.35）。

3. 普宁三号海底峡谷

位于南海南部西北陡坡的北部，普宁二号峡谷海底的南边。峡谷从北西向南东倾斜延伸至南沙海槽槽底平原，长约45.8 km、宽约4.4 km。峡谷发育水深为1895～2870 m，高差约975 m。沿着峡谷倾斜方向，坡度约1.3°。切割深度约80 m，两侧斜坡坡度约为5°（图3.35）。

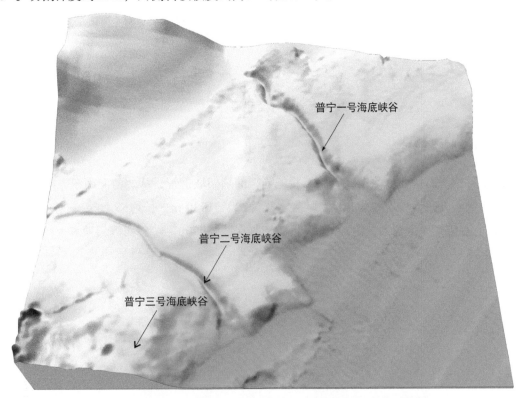

图3.35 普宁一号海底峡谷和普宁二号海底峡谷地形示意图

（二）南薇一号海底峡谷

南薇海盆发育一条大型峡谷，命名为南薇一号海底峡谷。南薇一号海底峡谷从南西向北东向倾斜延伸，东北向长约22.6 km。峡谷发育水深为250～1110 m。峡谷上游的宽度较大，约5.0 km；下游的宽度较小，约1.5 km。峡谷上游的坡度较大，约4.4°；下游的坡度较小，约1.4°。峡谷切割深度约174 m（图3.36）。

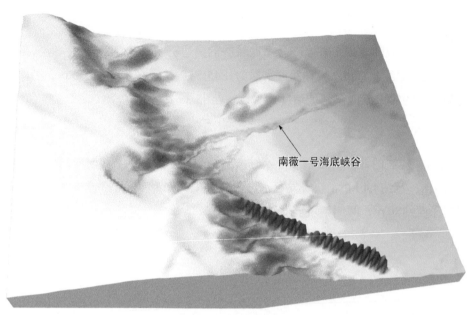

图3.36　南薇一号海底峡谷三维地形图

（三）康西海底峡谷

康西海底峡谷位于南沙陆坡西南部，始于巽他陆架的陆架坡折带，从北西向南东方向倾斜延伸至南薇海盆。沿着峡谷倾斜方向，坡度约为1.0°。峡谷水深为200～1730 m，长约65.4 km、宽约9.7 km，面积约798 km²。峡谷上游切割深度较大，约200 m；下游切割深度约90 m。峡谷西侧斜坡坡度约1.8°，东侧斜坡坡度约5°（图3.37）。

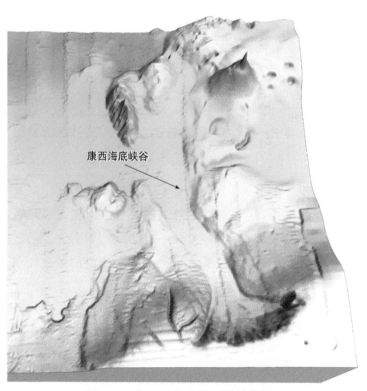

图3.37　康西海底峡谷三维地形图

（四）北康海底峡谷群

1. 北康一号海底峡谷

北康一号海底峡谷位于南沙海槽西北陡坡和西南陡坡连接处，从北西向南东倾斜延伸至南沙海槽槽底平原，长约20.0 km、宽约4.6 km，面积约89 km²。峡谷水深为1697～2450 m，高差约为753 m。沿着峡谷倾斜方向，上游坡度约2.0°，下游坡度约3.6°。峡谷切割深度为90～130 m，两侧斜坡坡度约4°（图3.38）。

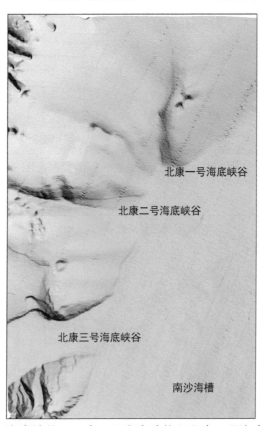

图3.38　北康一号海底峡谷、北康二号海底峡谷和北康三号海底峡谷三维地形图

2. 北康二号海底峡谷

北康二号海底峡谷位于南沙海槽西南陡坡的北部，呈东西向倾斜延伸至南沙海槽槽底平原，长约24.5 km、宽约4.6 km，面积约104 km²（图3.38）。峡谷水深为1300～2425 m，高差约1125 m。沿着峡谷倾斜方向，坡度约2.9°。峡谷切割深度约340 m，两侧斜坡坡度约9°。地震剖面揭示峡谷南侧坡度较陡，同时发育有规模较小的正断层。断层切割至上部地层，在海底形成陡坎。峡谷内部为较连续、高频、中振幅平行地震反射特征，表明峡谷受断层控制下形成后，充填了后期的海相沉积（图3.39）。

3. 北康三号海底峡谷

北康三号海底峡谷位于南沙海槽西南陡坡的西部，北康二号海底峡谷的南边。峡谷呈东西向倾斜延伸至南沙海槽槽底平原，平行于北康二号海底峡谷，长约56.5 km、宽约6.6 km，面积约405 km²（图3.38）。峡谷水深为444～2330 m，高差约1886 m。沿着峡谷倾斜方向，上游坡度较大，约5.0°，下游坡度约0.8°。峡谷切割深度约146 m，两侧斜坡坡度约5°。地震剖面揭示峡谷两侧坡度较陡，同时发育有规模较小的正断层。断层切割至上部地层。峡谷内部为较连续、高频、中振幅平行地震反射特征，表明峡谷受断层控制，充填了后期的海相沉积（图3.40）。

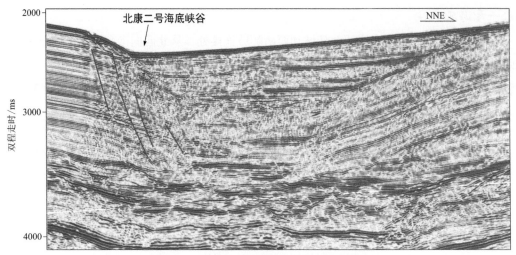

图3.39　北康二号海底峡谷地震剖面图

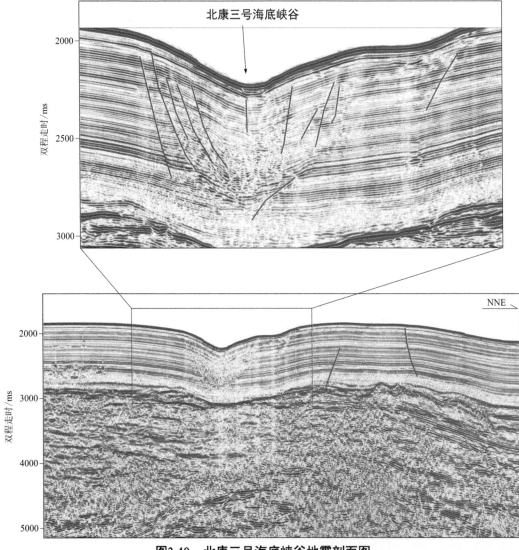

图3.40　北康三号海底峡谷地震剖面图

4.北康四号海底峡谷

北康四号海底峡谷位于西南陡坡的中部，北康三号海底峡谷的南边，邻近海宁海丘。峡谷从南西向北东方向倾斜延伸至南沙海槽槽底平原，长约23.5 km、宽约5.5 km，面积约144 km²（图3.41）。峡谷水深为277～1632 m，高差约1355 m。沿着峡谷倾斜方向，坡度约3.1°。峡谷切割深度约185 m，两侧斜坡坡度约10°。地震剖面揭示峡谷区为杂乱反射，西侧坡度较陡，峡谷内部滑坡发育（图3.42）。

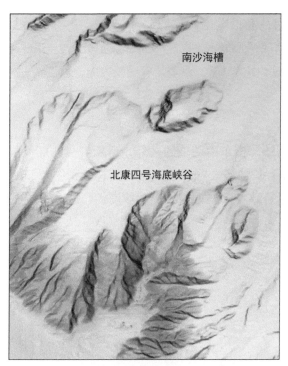

图3.41　北康四号海底峡谷三维地形图

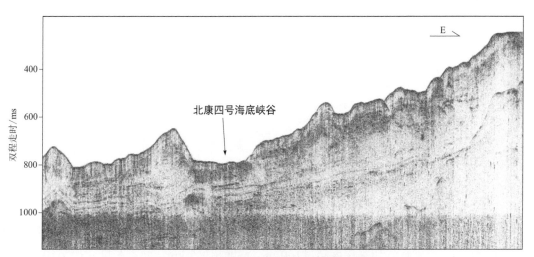

图3.42　北康四号海底峡谷地震剖面图

（五）南乐海底峡谷群

1. 南乐一号海底峡谷

南乐一号海底峡谷位于南沙海槽东南陡坡的北部，呈北西西-南东东向倾斜延伸至南沙海槽槽底平原，长约29.9 km、宽约2.8 km，面积约82 km²。峡谷水深为1712~2885 m，高差约1173 m。沿着峡谷倾斜方向，坡度约2.2°。峡谷切割深度小，约11 m，两侧斜坡坡度约2°（图3.43）。

2. 南乐二号海底峡谷

南乐二号海底峡谷位于南沙海槽东南陡坡的北部，南乐一号海底峡谷的南边。峡谷呈北西西-南东东向倾斜延伸至南沙海槽槽底平原，长约27.7 km、最宽处约7.5 km，面积约111 km²。峡谷水深为1730~2898 m，高差约1168 m（图3.43）。沿着峡谷倾斜方向，坡度约2.2°。峡谷切割深度小，约28 m，两侧斜坡坡度约6°。

3. 南乐三号海底峡谷

南乐三号海底峡谷位于南沙海槽东南陡坡的北部，南乐二号海底峡谷的南边。峡谷呈北西-南东向倾斜延伸至南沙海槽槽底平原，长约27.8 km、宽约3.9 km，面积约72 km²，峡谷水深为1460~2910 m，高差约1450 m（图3.43）。沿着峡谷倾斜方向，上游坡度约1.6°，下游坡度约5.2°。峡谷切割深度小，约48 m，两侧斜坡坡度约8°。

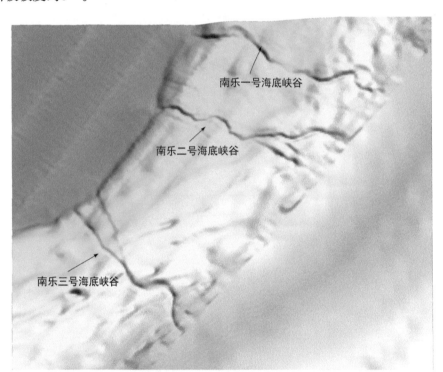

图3.43　南乐一号海底峡谷、南乐二号海底峡谷和南乐三号海底峡谷三维地形图

总体来说，巽他陆架坡折带发育密集的峡谷群，峡谷多发育于水深200~1000 m的上陆坡，峡谷切割深度一般为20~50 m，个别峡谷切割深度超过100 m，宽度超过5 km，峡谷长度一般为10~15 km，局部区段切割深度超过20 m，表明该水道曾经非常活跃，近期活动减弱，局部被掩埋。南海南部海底峡谷的空间分布与上陆坡的坡度和陆架外缘形态有关，陆坡坡度为3°~5°，陆架外缘呈凸形，因此峡谷发育密度大，切割深度深。

四、台湾东部海域

台湾东部众多的峡谷组成一个大型峡谷群，即花东峡谷群。该峡谷群发源于台东岛坡北部坡折线，自西向东延伸到花东海盆，消失于菲律宾海盆北部。峡谷在加瓜海脊北部与琉球岛坡坡脚线间汇集成一条主峡谷即琉球海沟峡谷，向东一直延伸并消失在琉球海沟沟底平原（图3.44）。

（一）花东峡谷群

花东峡谷群的特点是规模大、跨度大、落差大。其形成主要受基底起伏和走滑断裂的控制。花东峡谷群平面形态呈树形，峡谷的覆盖面积为6142 km²，此区域整体地形趋势为自西向东倾斜下降，峡谷群发育在500～6441 m水深段，水深的最大高差近6000 m，花东海盆范围内的平均坡度约1.1°，地形切割强烈，最大切割深度约为500 m，形成众多"V"形或"U"形峡谷。峡谷群主要由四条大型峡谷汇集而成，自北向南分别为花莲峡谷、北三仙峡谷、南三仙峡谷和台东峡谷。花莲和北三仙峡谷之间的最大距离为41.1 km，北三仙和南三仙峡谷之间的最大距离为13.3 km，南三仙和台东峡谷之间的最大距离为48.8 km。峡谷群最长的峡谷为花东峡谷与琉球海沟峡谷汇集而成，总长度达371.8 km。花莲峡谷、北三仙峡谷、南三仙峡谷和台东峡谷向东汇合后形成琉球海沟峡谷（图3.44）。

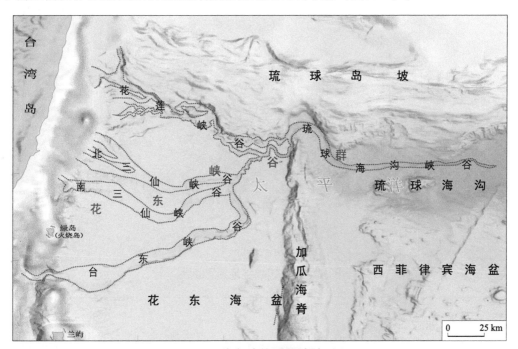

图3.44　花东峡谷群晕渲地形图

（二）花莲峡谷

花莲峡谷为台湾东岸花莲东南海域狭长谷地，峡谷总长度为134.2 km，主体为北西-南东走向，在尾部与其他三条峡谷汇成的主通道汇合，构成峡谷群的主峡谷（图3.44），为"U"和"V"复合型峡谷，宽度范围为2.4～17.4 km。峡谷受台东和琉球岛坡地形影响较大，上部由三条支谷汇合而成，在尾部分成两条支谷，最后与主峡谷汇集到一起，地形切割较强烈，平均切割深度约250 m，最大切割深度约为500 m。北侧谷坡较陡，最大坡度约4.9°，地震剖面揭示花莲峡谷两侧发育有规模不等的滑坡（图3.45）。

（三）北三仙峡谷

北三仙峡谷为台湾东部海域自西向东的狭长台地。峡谷总长度约99.2 km，发育在1800～5700 m水深段，主体为近东西走向，起源处由两条支谷组成，在30 km处汇合，在尾部与南三仙峡谷和台东峡谷两条峡谷汇合，是以"U"形为主的峡谷，平面呈上宽下窄的特点，宽度范围为2.4～9.2 km，地形切割较深，平均切割深度约100 m（图3.44）。地震剖面揭示北三仙峡谷南侧发育滑坡，北侧坡度较为平缓，未发育滑坡沉积（图3.46）。

（四）南三仙峡谷

南三仙峡谷总长度约104.2 km，发育在3000～5630 m水深段，走向与北三仙峡谷几乎一致，主体为近东西走向，没有发育支谷，尾部与台东峡谷汇合，是以"U"形为主的峡谷。峡谷宽度变化相对较小，宽度范围为3.9～10.1 km，地形切割较深，平均切割深度小于100 m（图3.44）。地震剖面揭示南三仙峡谷南侧发育滑坡，北侧坡度较为平缓，未发育滑坡沉积（图3.46）。

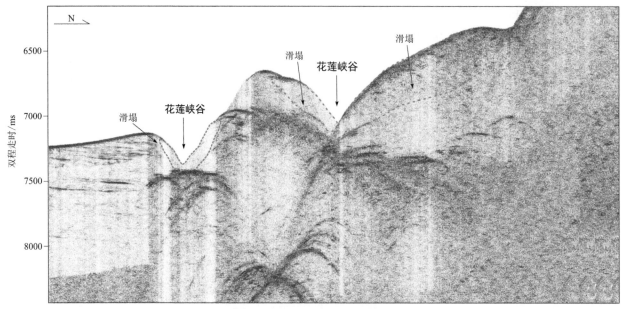

图3.45　花莲峡谷地震剖面图

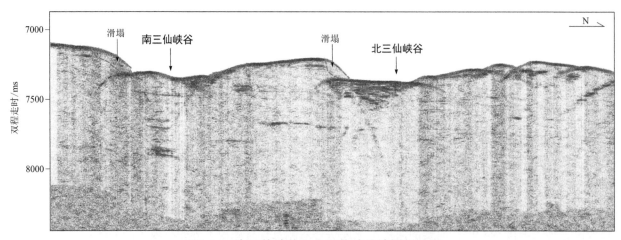

图3.46　南三仙峡谷和北三仙峡谷地震剖面图

（五）台东峡谷

花东盆地海底水道和峡谷非常发育，其中台东峡谷规模最大，切割海底较深，最深处相对海底有500 m。峡谷自西向东然后向北贯穿于盆地的西南部和中部，蜿蜒16 km以上，在23°18′N，122°48′E附近与盆地北部东西向的花莲峡谷汇合，并进一步向东延伸至琉球海沟，规模变小并逐渐消失。台东峡谷为台东南海域绿岛和兰屿之间自西向东的狭长台地。峡谷发源处北、南分别有绿岛海脊、兰屿海山，西连台东海槽，总长度为163.3 km，发育在3000～5760 m水深段（图3.44）。该峡谷主体为南西–北东走向，在尾部急转为北西–南东向与南三仙峡谷汇合，为"U"和"V"复合型峡谷，平面呈上宽下窄的特点，上半部分为"U"形谷，宽度较大，达6.3～16.7 km，地形切割逐渐变强到非常强烈，最大切割深度约为500 m，中部两侧谷坡较陡，最大坡度达到22°；下半部分转为"V"形谷，宽度变窄，为5.0～8.5 km，切割深度约为200～400 m，坡度延续上半段的趋势，最大坡度达到25°。地震剖面揭示峡谷两侧发育滑坡，南侧滑坡发育，北侧坡度较缓，滑坡规模较小，地震反射特征为杂乱地震相（图3.47）。台东峡谷两侧发育规模不等的滑坡体，滑坡的形成与峡谷两侧陡坡密切相关，沉积物在峡谷内波及底流的冲刷下发生滑坡，其不稳定性会引起地层失稳，在进行钻探工程时应引起足够的重视。

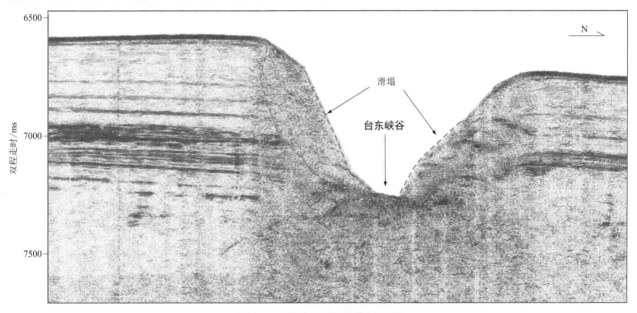

图3.47 台东峡谷地震剖面图

（六）琉球海沟峡谷

琉球海沟峡谷是指花莲、北三仙、南三仙和台东峡谷汇合后形成的主峡谷，位于峡谷群东部，发育在琉球海沟的沟底平原上，平面形态呈蛇曲状，西宽东窄，最后消失在沟底平原（图3.44）。主峡谷总长度约143.7 km，主体为北西–南东向再转东西向，其走向明显受到琉球斜坡与深海平原和加瓜海脊的制约，宽度为0.6～4.5 km，为"U"和"V"复合型峡谷，地形切割相对其他支谷有所减弱，切割深度从西部约160 m，向东部逐渐变浅，在尾部只有约25 m。

台湾岛东部岛坡地形复杂，海底水道和峡谷发育，其主要原因可能是吕宋岛弧与欧亚大陆碰撞，使岛弧地形变陡，断裂发育。基底起伏和断裂等构造因素对台东峡谷的形成和演化起到重要的控制作用。峡谷西南段的南岸基底抬升使峡谷发生北东东向偏转，由于受加瓜海脊西侧小海脊的阻挡，峡谷由原来的北东

第/四/章

海底沙波

第一节　沙波定义与分类

海底沙波是砂质海底表面有规则的波状起伏地形，是一种常见的海底地貌形态，广泛分布于河口、陆架、陆坡和海盆，甚至在深洋盆也有沙波分布。沙波的形态、规模多种多样，波高一般在几米，高者可达数十米，波长为几米，最大可达上千米。浅地层剖面、旁扫声呐和高精度的多波束探测技术逐渐被应用于海底沙波的精细特征研究。海底沙波通常具有较强的活动性，能引起海底管道的裸露和悬空，进而造成管道的疲劳失效甚至断裂等重大危害。

国外学者Drake等（1972）按照水流作用的方向把陆架底形分成纵向和横向两大类。Allen（1980）系统地研究了陆架各种水下底形，并将脊线垂直主水流方向的称为横向大尺度底形（沙波或沙丘），脊线平行主水流方向的称为纵向大尺度底形（沙脊），随后，国外学者又提出了更加细致的分类方法。

（1）1987年美国沉积地质专业会议上，将沙波分为小型、中型、大型以及巨型沙波（Flemmin，1988；Ashley，1990）（表4.1）。

（2）按照形成时代将沙波分为残留沙波和现代沙波两种（Daniell and Hughes，2007）。残留沙波是指末次冰期低海面时，在风动力条件下形成的沙波。冰期结束后，海平面上升，又被海水重新覆盖，由于是曾经形成并遗留下来的沙波，其成因与现代水动力条件无关，所以残留沙波大多比较稳定。现代沙波是指受现今水动力作用，并随当前水动力条件改变而不断变化的海底沙波（Todd，2005）。

（3）根据沙波的剖面形态，可分为摆线形、双峰形以及余弦形沙波（余威等，2015）。摆线形沙波一边陡峭，一边平缓，在波谷处发育有小沙波或波痕；余弦形沙波对称性好，波高较大，波谷较宽，规则性好，没有次一级沙波或波痕发育；双峰形沙波的波高和波长在三者之中最大且走向多样，在波谷上有着次一级沙波发育，叠加特征明显，可以看作是余弦形沙波和摆线形沙波叠加形成（图4.1）。

（4）根据空间形态变化，沙波可分为二维沙波和三维沙波（Ashley，1990），按成因分为流成沙波、浪成沙波和混合成因沙波（Gao and Collins，1997）。二维沙波包括直线形、弯曲形、分叉形、格子形等（夏东兴等，2001；刘振夏和夏东兴，2004；曹立华等，2006；叶银灿等，2012）（图4.2）。三维沙波包括新月形等，按形状可分为直线形沙波和新月形沙波。

(a) 摆线形沙波　　(b) 余弦形沙波　　(c) 双峰形沙波

图4.1　海底沙波形态分类图（据余威等，2015，修改）

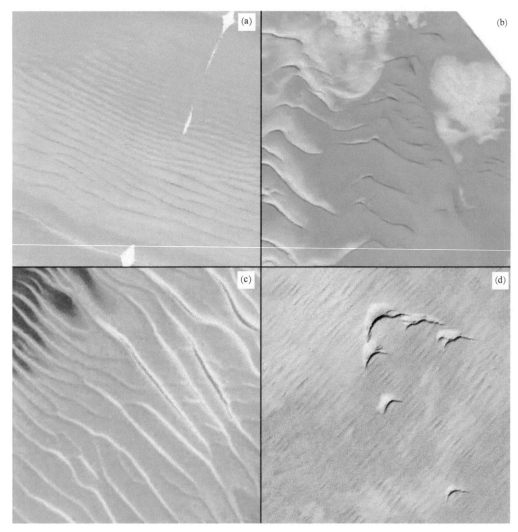

图4.2 不同类型的沙波地貌形态示意图（据蔺爱军等，2017，修改）

（a）直线形沙波（Bao et al.，2014）；（b）弯曲形沙波（Games and Gordon，2015）；
（c）分叉形沙波（Garlan，2009）；（d）新月形沙波（Harris and Baker，2012）

　　根据剖面形态还可分为对称型水下沙波与不对称型水下沙波，对称型沙波波峰线两侧坡度相近，不对称型沙波两侧坡度差异大。

表4.1　二维和三维沙波分类表（据Ashley，1990）

沙波等级	小型	中型	大型	巨型
波长 /m	0.6～5	5～10	10～100	>100
波高 */cm	7.5～40	40～75	75～500	>500

*波高计算公式 $H=0.0677L^{0.8098}$（Flemming，1988）。

刘振夏（1996）指出，对海相沉积物不能简单地用测年数据来判断其为残留沉积还是现代沉积，判断新老沉积的唯一依据是看沉积过程和沉积作用发生的时间。庄振业等（2008）按陆架水下沙波的运动量级和发育过程可划分为强运动、弱运动、不运动（残留）和消亡（或埋藏）沙波等四种类型（表4.2）。叶银灿等（2004）按沙波的波长、波高和沙波指数等参数，将沙波地貌分为波痕（ripples）、大型波痕（megaripples）和沙波（sand wave）三类（表4.3）。

表4.2 海底沙波动态分类表（据庄振业等，2008，修改）

沙波类型	外形特征	粒度结构	运动状况
强运动型沙波	脊线弯曲，两坡交切尖锐，沙波指数和对称指数均大，坡面光滑	细、中砂，分选好，松散，有孔虫壳磨损，破碎	移动速率 >10 m/a，底沙活动层 >0.05 m/a
弱运动型沙波	脊线直，两坡交切尖锐，沙波指数和对称指数不大，坡面叠置异向小沙波	细砂，分选好，松散，有孔虫壳磨损，破碎	移动速率 <10 m/a，底沙活动层 <0.05 m/a
不运动沙波	脊线模糊，两坡交切圆浑，沙波指数和对称指数均较小，表面有植物碎屑	细、中砂，粉砂黏土含量 >3%，有孔虫壳有锈染	不移动，无底沙活动层
埋藏沙波	脊线模糊，表面有植物碎屑和生物活动痕迹，有多个黏土夹层	粉砂黏土层覆盖砂层	长期不移动

表4.3 沙波地貌的分类表（据叶银灿等，2004）

名称	波长L/m	波高H/m	沙波指数L/H
波痕	< 0.6	< 0.05	8～15
大型波痕	0.6～30	0.05～1.0	15～30
沙波	> 30	> 1.0	> 30

第二节 南海主要沙波分布特征

一、南海北部

海底沙波主要是海流搬运、海底堆积砂质沉积形成的。沙波陡坡朝向与优势流运动方向一致。南海北部陆架最大的地貌特点是海底沙波十分发育，其次是沙波在陆坡上坡段也有发育。在海岸线的附近，由于潮流的作用常形成多列与海岸近似平行的周期性沙波，其发育与水动力环境、沉积物粒度以及地形有密切的关系。根据沙波规模可分为小型、中型和大型沙波，小型沙波波长小于15 m，波高小于0.5 m；中型沙波波长15～50 m，波高小于2 m；大型沙波波长大于50 m，波高为1.5～7 m。在南海北部范围内，结合单、多波束测深、浅地层剖面和侧扫声呐资料，共发现和圈定了S1～S8八个沙波发育区（图4.3，表4.4）。

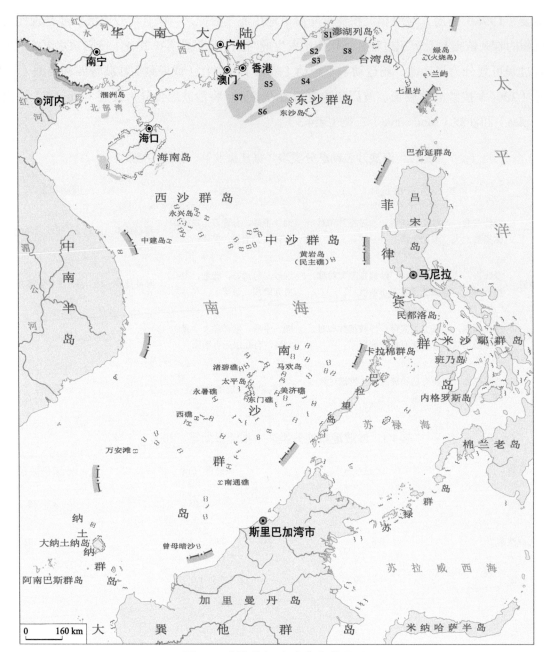

图4.3　南海北部沙波分布范围图

（一）S1沙波区

S1沙波区位于陆架东北部，台湾浅滩以北内陆架，水深为30～40 m，长约92 km、宽30～36 km，面积约为2887 km²，该区域以小型沙波为主，波长为5～10 m，波高为0.5～1.0 m（图4.3～图4.5，表4.4）。

（二）S2沙波区

S2沙波区位于韩江古三角洲外缘，水深为45～50 m，长约104 km、宽约26 km，面积约为2308 km²。该区域沙波类型较多，小型、中型和大型沙波均有分布，但以大型沙波为主。大型沙波波长为50～200 m，波高为2 m左右（图4.3～图4.5，表4.4）。

（三）S3沙波区

S3沙波区位于南海北部外陆架，台湾浅滩西南区域，水深为45～50 m，长度约90 km、宽度为12～27 km，面积约1997 km²，该区域以大型沙波和特大型沙波为主，其中特大型沙波波长为200～700 m，波高为2～4 m，波脊线走向为30°～40°（图4.3～图4.6，表4.4）。

表4.4　南海北部沙波分布范围和形态特征表

区块编号	位置	水深/m	长度/km	宽度/km	面积/km²	类型与形态特征
S1	内陆架	30～40	92	30～36	2887	以小型沙波为主，波长为5～10 m，波高为0.5～1.0 m
S2	韩江古三角洲外缘	40～50	104	26	2308	沙波类型较多，小型、中型和大型沙波均有，但以大型沙波为主，大型沙波波长为50～200 m，波高为2 m左右
S3	外陆架（台湾浅滩西南）	45～50	90	12～27	1997	以大型沙波和特大型沙波为主，其中特大型沙波波长为200～700 m，波高为2～4 m，波脊线走向为30°～40°
S4	陆架外缘至上陆坡	100～350	272	55	15043	沙波类型较多，以大型沙波为主。大型沙波波长为80～250 m，波高为2.5～13 m，波脊线走向为40°～135°
S5	外陆架	150～200	199	10～100	8049	小型、中型、大型沙波均有，但以大型沙波为主，波长为200～250 m，最大波高可达10 m
S6	外陆架至上陆坡区	120～270	199	36	5596	有小型沙波和大型沙波，但以大型沙波居多，S形沙波走向约为60°，沙波波长为103～151 m，波高为0.5～3.5 m
S7	珠江三角洲以北区域	20～120	179	20～120	13900	该区小型、中型、大型沙波均发育，大型沙波为主，同S6沙波区类似，波脊线有直线形、S形、树枝状、蜂窝状
S8	台湾浅滩	40～50	175	94	14206	浅滩中部沙波发育最好，其平均高度达15.7 m，向四周沙波的数量逐渐减少，高度也逐渐变低，沙波两侧细沟发育

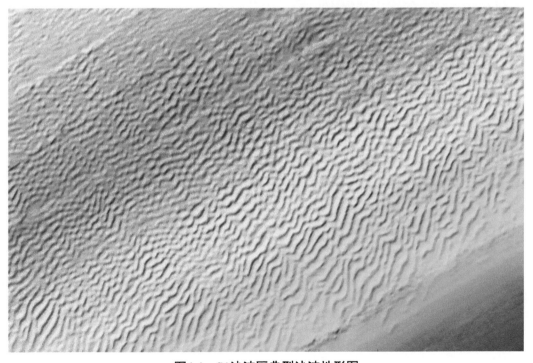

图4.4　S1沙波区典型沙波地形图

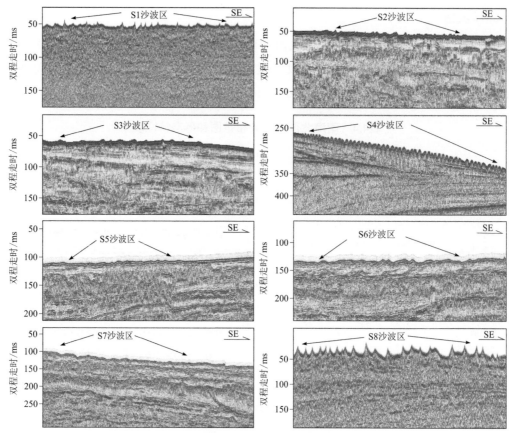

图4.5 南海北部沙波区单道地震反射特征图

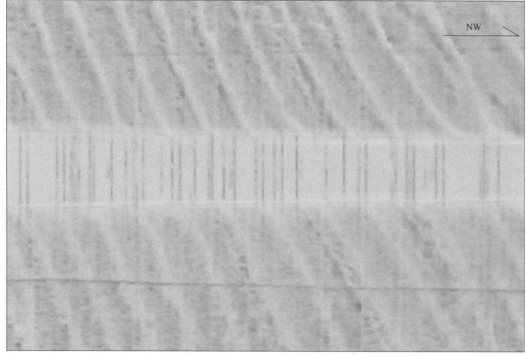

图4.6 旁扫声呐所显示的中型沙波特征图

（四）S4沙波区

S4沙波区位于外陆架–上陆坡区，可分为南区和北区，水深为100～350 m，长约272 km、宽约55 km，面积约15043 km²。该区域沙波类型较多，小型、中型、大型沙波均有分布，其中北区北部以大型沙波为主，小型沙波波长为10～15 m，波高为0.5 m左右，大型沙波波长为80～110 m，波高为2.5 m左右；北区南部的大型沙波，波长为150 m左右，最大波高可达6 m，波脊线走向为45°～135°（图4.5）；南区也以大型沙波为主，大型沙波波长为103～250 m，最大波高可达13 m，波脊线走向为40°～70°。北区内发育的沙波以直线型为主；南区内发育的沙波主要为蛇曲型沙波（图4.7）和直线型沙波（图4.3、图4.5，表4.4）。

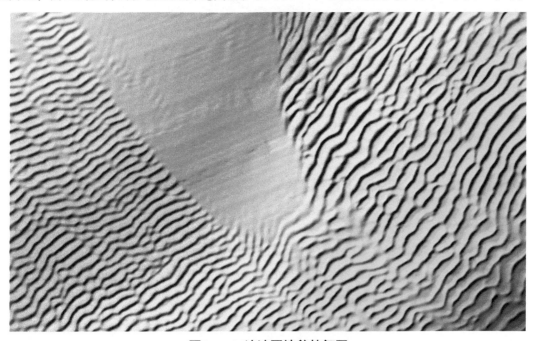

图4.7　S4沙波区地貌特征图

直线形波沙因其脊线形态相对笔直而命名。发育的沙波以大型沙波与中小型沙波相间出现为主，沙波整体走向为北西–南东向，沙波走向为130°～160°，平行于水流的方向，沙波波长为73～300 m，波高为0.3～2.7 m。直线形波沙的波长较长（图4.8、图4.9）。

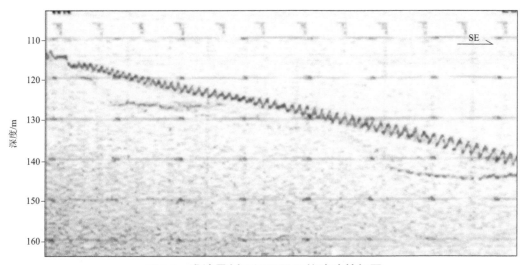

图4.8　浅地层剖面记录显示的沙波特征图

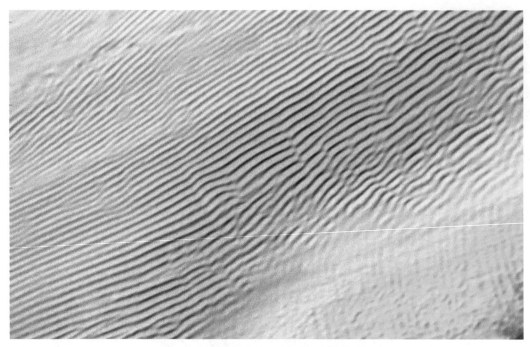

图4.9 典型直线形沙波地形和剖面图

（五）S5沙波区

S5沙波区位于南海北部外陆架，水深为150～200 m，长约199 km、宽10～100 km，面积约8049 km²，呈扇形分布，该区小型、中型和大型沙波均发育，但以大型沙波为主，波长为200～250 m，最大波高可达10 m（图4.3、图4.5、图4.10，表4.4）。

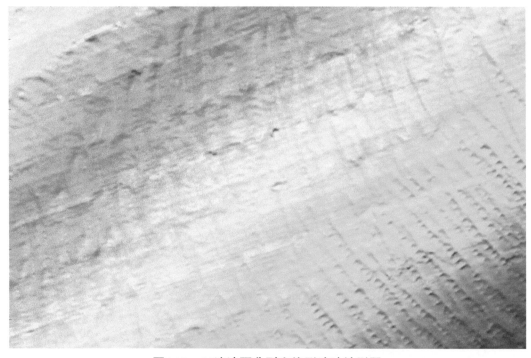

图4.10 S5沙波区典型直线形沙波地形图

（六）S6沙波区

S6沙波区位于南海北部外陆架至上陆坡，水深为120～270 m，长约199 km、宽约36 km，面积约5596 km²。该区域小型沙波、大型沙波均发育，但以大型沙波为主，沙波形态多变，波脊线有直线形、S形、树枝状、蜂窝状。S形沙波沙波走向约60°，沙波波长为103～151 m，波高为0.5～3.5 m（图4.3、图4.5，表4.4）。

（七）S7沙波区

S7沙波区位于珠江三角洲以北区域，水深为20～120 m，从内陆架到外陆架均发育沙波，长约179 km、宽20～120 km，面积约13900 km²，该区小型、中型、大型沙波均发育，大型沙波为主，同S6沙波区类似，波脊线有直线形、S形、树枝状、蜂窝状（图4.3、图4.5，表4.4）。

（八）S8沙波区

S8沙波区位于台湾浅滩，长约175 km、北西向横宽约94 km，总面积约14206 km²，是南海北部内面积最大的沙波区，该区主要发育大型沙波，由水下沙丘和纵横交错的沟谷组成。沙波基本上呈北东-南西向，排列不均、高低不等，但形态基本相似。以浅滩中部沙波发育最好，其平均高度达15.7 m，由此向四周沙波的数量逐渐减少，高度也逐渐变低，沙波两侧细沟发育，其间多沙槽和洼地（图4.3、图4.5，表4.4）。

南海北部东沙群岛西部海域沙波的研究表明，沙波的成因比较复杂，有残留的沙波，在冰后期由于气候变暖，海平面迅速上升，使该区的海底沙波地貌未经大的改造而保留下来，并且在现在的潮流环境下是稳定的，不发生迁移。部分沙波在潮流作用下，向深海发生迁移。海底沙波的迁移演化与水动力直接相关，中浅水沙波的形成一般归因于潮流、河流、波浪、中尺度流、风驱海流、流经陆架坡折的潮汐背风波、内波以及内波引起的高速海流等（表4.5）。

表4.5　南海北部东沙群岛西部海域海底沙波研究概况表（据张洪运等，2017，修改）

水深/m	波高/m	波长/m	成因	迁移速率	迁移方向
129.9～132.7 132.7～140.1 140.1～145.1	<0.4 0.5～1.5 1～3	8～12 70～80 80～120	水动力因素为潮流，并与东沙群岛的构造抬升有关（彭学超等，2006）	—	南东向北西移动
114～116 116～129 133～176 176～210	0.15～1.22 0.3～1.5 1.1～5.67 0.13～0.57	21.5～70.2 24.3～77.8 23.0～135.7 20.7～58.2	可能与内波密切相关（周川等，2013）	大型沙波分布区，数十厘米到米级；交错沙波区表现出不同移动方向；浅水区运移反而不明显（实际观测获得）	向南东移动（王尚毅和李大鸣，1994；夏华永等，2009）
143～148	1～3.5	100～120	残留（陈鸣，1995）	不迁移	
80～250	—	—	内波（夏华永等，2009）	<1.6 m/a（采用观测流速公式估算）	北西向南东移动
129.9～132.7 132.7～140.1 140.1～145.1	<0.4 0.5～1.5 1～3	8～12 70～80 80～120	现代形成（Luan et al.，2010）	—	—
100～250	—	—	现代形成（吴建政等，2006）	—	—
80～250	<1 1～2 >2		残留（冯文科和黎维峰，1994）	0.166～0.534 m/a（根据流速，用模型估算）	向深海方向
130～250	1～2 2 2～3	5～10 20～30 40～50	与海流紧密相关（王尚毅和李大鸣，1994）	0.106～0.176 m/a（细砂区，根据流速用模型估算）	—

二、南海西北部

（一）琼州海峡及北部湾

海底沙波主要分布于琼州海峡中部及其东西两侧出口的潮流沉积体系中，典型的沙波高度为1~3 m，最大高度为5 m，波长为200~400 m，沙波波脊线走向与潮流方向近垂直，大部分为不对称沙波（图4.11）。琼州海峡中部谷坡以及海峡西部谷坡、谷底主要发育沙波和沙丘，局部发育沙垄、小沙丘；中部谷底则普遍发育沙垄及沙丘。沙垄和沙丘迎潮面普遍发育有沙波，它们的波峰走向与海峡走向垂直。沙波的波长为2~10 m，波高为0.1~1.2 m。沙垄波长为20~60 m，波高为0.3~5 m。沙丘的波长为100~600 m，高5~12m。资料表明沙波、沙垄和沙丘为潮流成因。海面以下7 m的平均涨潮流流速为0.63~1.1 m/s，流向为66°~84°；平均退潮流流速为0.27~0.81 m/s，流向为241°~258°。强烈的潮流形成由东往西，在海峡地部形成规模大小不等的沙波沙垄形态（图4.12）。

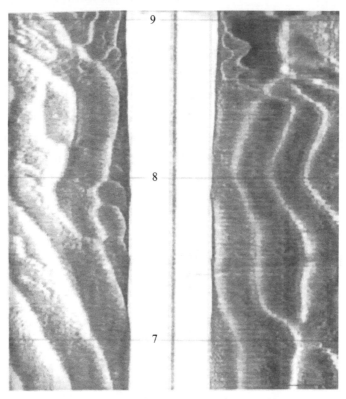

图4.11　琼州海峡中部沙波侧扫声呐影像图

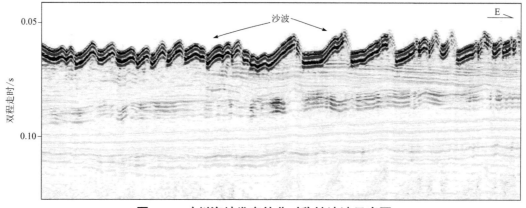

图4.12　琼州海峡发育的非对称性沙波示意图

北部湾内钦州湾三墩岛以西，东水道中部附近海域发现有两处海底沙波。其中一个位于东水道底部，面积约0.37 km²，沙波呈近南北走向，波长为5～6 m；另外一个位于东水道边缘，面积为0.25 km²左右，东西走向，波长1 m左右，属小型沙波。沙波在测深剖面上的反射呈锯齿状起伏，海底二次反射波较强；在旁侧声呐图像上则体现一系列较有规则的、深浅相间的反射沙波的现状和迁移规律（图4.13）。

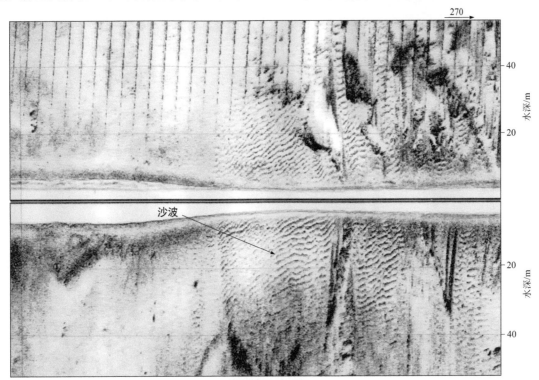

图4.13　钦州湾海底沙波特征图

（二）海南岛西部及西南海域

海南岛西部东方海域的调查表明，海南岛西部从海岸到陆架底形具有明显的分带性，依次出现近岸底形段、沙波沙脊段和平坦底形段（曹立华等，2006）。沙波沙脊段发育在水深20～50 m处。沙波主要有二维和三维两种。二维沙波又包括直线形、弯曲形、分叉形等沙波脊线形状，三维沙波仅见新月形。离岸近的沙波波高和波长比较大，平均波高为3.6 m，平均波长为100 m，多呈现三维形态。离岸较远的沙波规模较小，平均波高为1.4 m，波长为55.6 m，多呈二维形态。远岸区受波浪的影响较小，潮流占主导作用，细粒沉积物更易发育对称性二维沙波，而近岸区则发育大型不对称性三维沙波，与近岸浪流联合的水动力条件和粗颗粒的沉积物特征相适应（郭立等，2017）。

海南岛西南海域发育蛇曲形（新月形）沙波、直线形沙波。蛇曲形沙波细分为短小宽距型、细密型和长波浪型，沙波波长为100～200 m，波高为2～7 m，其沙脊两侧的坡度不对称，绝大多数蛇曲形沙波走向为北西-南东。直线形沙波所处的水深为29～33 m，沙波波长为50～100 m，波高为2～3 m，其形态笔直，且沙波两侧的角度比较对称。直线形沙波间距很小，呈现细密的平行线形，沙波的边缘有半成型的细小沙波。沙波两侧较为对称，沙波的形态较为稳定，沙波的末端延伸到沙脊下缘时出现分叉和弯曲变形（图4.14）。

海南岛西南部海域，由于近岸区域和远岸区域相比，沙波波高增大对沙波迁移速率的削弱作用强于流速增大对沙波迁移速率的增大作用。远岸沙波向北西方向迁移，沙波迁移速率多为15.0～20.0 m/a，最大为34.9 m/a；近岸沙波向南迁移，沙波迁移相对较慢，沙波迁移速率为0～12.65 m/a。近岸研究区沙波迁移速率小于远岸研究区（李泽文等，2010）。

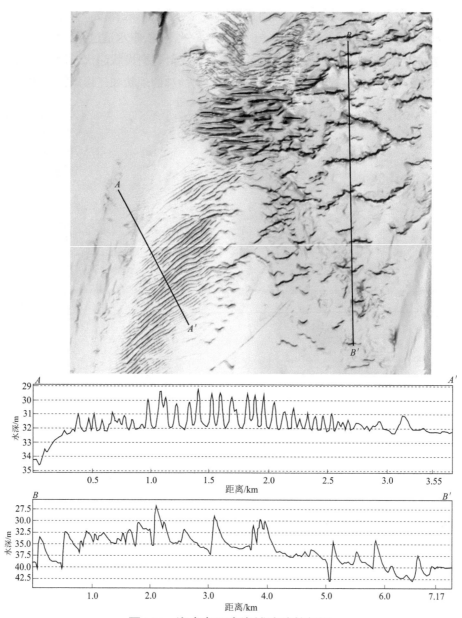

图4.14　海南岛西南海域沙波特征图

第三节　沙波危害性

冯文科等（1993）认为南海北部陆坡的海底沙波是晚更新世末次冰期形成的残留沙波，而王尚毅和李大鸣（1994）、彭学超等（2006）认为是在现代潮流作用下形成的现代沙波。用泥沙启动流速计算和底形相参数近似计算这两种方法计算分析以及现场观测研究，发现南海北部沙波存在迁移现象，即为现代沙波（吴建政等，2006）。海底底流实测也表明，南海北部东沙海域海底沙波和现今海底底流有很好的吻合关系，可以推测海底沙波是在现今底流条件下形成的（栾锡武等，2010）。李近元和范奉鑫（2010）利用

2006～2009年海南东方外岸多波束测深数据，测算出海底沙波的移动速度最大为43.2 m/a。通过对比分析连续三年的水深和侧扫声呐数据，王伟伟等（2007）认为同一组沙波存在着反向扭转迁移的现象，与底层海流和海底地形都有着密切关系，并且认为浪流联合作用在底床所形成的剪切力是沙波迁移的直接动力来源。彭学超等（2006）对东沙群岛以北沙波进行了研究，经过新、老水深资料定位系统误差校正后，对新、老水深剖面进行对比，发现大部分沙波发生了一定的移动。沙坡移动最大距离为5～13 m。

计算结果表明海底沙波形成所需的最小流速为19.8 cm/s，迁移所需最小流速为27.7 cm/s（单红仙等，2017），底流速为0.4～0.8 m/s时水下沙波发育最为充分（庄振业等，2004）。白玉川等（2009）建立了南海北部海域海底沙波波长及沙波移动的数学模型，对较大范围内的沙波形态及其运移规律进行了计算，结果表明研究区域海底沙波在正常水流条件下迁移速率相对较小，可视为比较稳定的地貌类型。若底流流速为原来的2倍，沙波的运移速度将会达到原来的32倍。周其坤等（2018）研究认为超强台风显著增强了底流流速，增幅可达25～35 cm/s，达到了海底沙波的起动流速。

南海沙波主要为非对称沙波，表现出极为明显的不对称性。迎水流方向的波壁较陡，处于侵蚀状态，背流面较缓，为堆积沉积。沙波主要与其所在区内海底底流有关，当水动力条件改变时，特别是在风暴流作用下，沙波形态与分布都会发生变化而产生移动。海底沙波的运移可能对海底管线、海底电缆、航道港口、海上风电机、油气平台、海底生态系统、海底埋藏物、海底隧道、跨海大桥、海洋水下文化遗产等形成危害。在海底管道铺设到海床之后，沙波的运移变化会造成海底的掏蚀或堆积，底砂的掏蚀会使海底管线失去支撑而断裂，影响海底的稳定性。沙波的堆积会掩埋海底设施，由于管道位置通常保持相对固定，而沙波在波浪、潮流等作用下的活动，将可能导致管道在某些部位发生掩埋，而在另外一些部位则发生暴露和悬空，对结构的安全产生影响同样危及工程的安全（孙永福等，2018）（图4.15）。

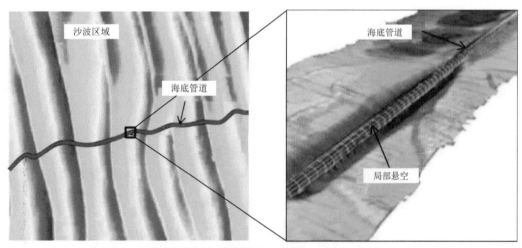

图4.15　沙波区域海底管道悬空示意图（据孙永福等，2018）

沙波对海洋油气勘探开发的不利影响主要体现在两方面。首先，沙波的存在使海底呈波状起伏，给海洋工程造成限制性影响。在管道铺设时需提前对海底进行处理，以免造成海底管道自由悬跨；升式钻井平台在沙波区域插桩就位时，应考虑海底不平整对桩脚可能产生的暂时性基础不稳定的影响；管架平台安装时，沙波的存在加大了防沉板布放施工难度，导致工程费用增加。其次，沙波运移对已建设施存在潜在危害影响。在水动力条件下，特别是在极端天气条件下，海底沙波运移造成掩埋的已建海底管道裸露，甚至悬空，导致海底管道局部产生应力，长时间的应力作用会造成海底管道疲劳损伤，影响海底管道的寿命及安全运营；升式钻井平台就位后，海底沙波运移将改变桩脚持力地层厚度，影响稳定性；沙波运移直接影响半潜式钻井平台的锚固力，造成溜锚，给钻井作业带来风险；沙波运移容易造成导管架平台桩基承载地层厚度及承载力变化，影响桩基稳定性（朱友生，2017）。

孙永福等（2018）研究认为，在海底沙波区铺设管道，若管道出露、悬空，目前国际上处理海底管道裸露和悬空问题的常用方法有：

（1）水深较浅的情况下（<10 m），投放沙袋支撑或砾石回填。在海湾沿海地区常使用沙和水泥的混合物来代替沙，也可以取得很好的效果。抛投砾石回填被广泛应用于海底管道悬空问题，既可以沿全部悬空段抛放，也可以在管道悬空段选择若干个点进行抛投，形成砾石堆以保护管道。

（2）自升式支架（机械支撑）。这是一种动态支撑方法，利用可伸缩的支腿适应高低不平的海底，达到支撑海底管道的目的，以有效减小管道悬空段的长度，使管道具有最佳结构和应力状态，有时也可以和抛投砾石联合使用。

（3）灌浆支撑和保护。用可变形的聚丙烯材料制成一个个分隔的袋子固定在管道下方，或者制作成鞍囊，将其放在管道之上。由海面的工作船通过连接管向袋子内注入水泥浆，使袋子涨大，直到抵达管道位置，从而起到支撑和保护作用。

（4）混凝土沉床或混凝土鞍。将大量钢筋混凝土柱通过聚丙烯材料连接起来，构成混凝土沉床。这种方法特别适用于管道的补救性处理（修复加重护壁、机械保护、管道加固等）和预防侵蚀。混凝土鞍可代替沉床给海底管道提供重力保护，保护管道免受局部机械损伤和局部侵蚀，并可阻止管道水平面内大范围的移动。

（5）人工仿生海草。本方法用于克服抛投砾石和使用混凝土沉床等常用的保护措施的不足之处。

第/五/章

麻 坑

第一节 海底麻坑定义与分类

海底地层内部广泛发育的气烟囱、活动断裂、深水水道和海底滑坡等渗漏构造为浅部和深部的流体提供了运移通道（吴时国等，2010）。流体通过运移通道向海底强烈快速喷溢或缓慢渗漏，剥蚀海底松散沉积物而形成大小不等的凹坑，简称海底麻坑（pockmark）（Hovland et al.，2002；Judd and Hovland，2009；Cathles et al.，2010；吴时国等，2010）。海底麻坑规模大小不一，直径从几米到数千米，深度从小于1 m至上百米（Argent，2007；Hovland et al.，2010；Sun et al.，2011），直径超过250 m的被称为"大麻坑"，直径在千米级别的被称为巨型麻坑（Argent，2007）。

麻坑的规模差别很大，其平面形态也不尽相同，典型的麻坑呈圆形或椭圆形，也有的呈拉长形及新月形，还有的麻坑呈线性分布形成链状麻坑。根据麻坑形态，可分为圆形、椭圆形、新月形、彗星形、长条形及不规则形（表5.1）。圆形麻坑平面形态为圆形，四周斜坡对称，最大深度在中心位置。椭圆形麻坑平面形态为椭圆形，以短轴或长轴成对称结构，最大深度出现在中心位置。新月形麻坑平面形态为似新月形，以弯曲走向线中心垂线成对称结构，最大深度在弯曲走向线中心。彗星形麻坑平面似彗星，具有似圆形头部和楔形拖尾，最大深度位于似圆形头部中心。长条形麻坑平面形态为长条形，长轴中部延伸具有直线段，最大深度位于中部位置。不规则形态麻坑则不同于上述几种，以各异形态出现，具有存在多个拐点或棱角、不对称平面形态的特点（陈江欣等，2015）。

表5.1　麻坑平面形态分类表（据陈江欣等，2015，修改）

平面形态	圆形	椭圆形	新月形	彗星形	长条形	不规则形
地貌						

关于麻坑的分类，目前还没有统一的标准。Hovland等（2002）根据麻坑的形态和大小将麻坑分为六种类型（表5.2）：①单元麻坑，宽度为1～10 m，通常小于5 m，深度最多可达0.5 m，很可能代表流体仅发生了一次喷发或渗漏，且多数被认为是由于海底之下储层中的气体聚集推动上覆沉积物中孔隙水渗漏形成；②正常麻坑，直径为10～700 m，深度为1～45 m的圆形凹坑，横剖面可以呈类似于盆地的形状（麻坑内壁平缓）或者为不对称且内壁陡峭的形态，在正常麻坑周围常有单元麻坑的分布；③拉长形麻坑，麻坑长轴比短轴长很多，这种类型的麻坑常出现在斜坡或者受强烈底流影响的区域；④眼状麻坑，麻坑中心出现声学强反射区域，这是由于海底沉积物被剥蚀之后留下的粗粒物质或者是生物生命活动留下的遗迹（残留的骨骼或生物壳体等），也可能是自生碳酸盐岩沉淀导致；⑤链状麻坑，由单元麻坑或者小型正常麻坑排列成直线或曲线形，长度可延伸数千米，这种类型的麻坑通常是由于流体沿着近垂直的断层或者薄弱带

集中渗漏形成；⑥复合麻坑，正常麻坑成群出现或者由几个麻坑合并而成。

表5.2　麻坑分类表（据Hovland et al.，2002）

类型	特征
单元麻坑	宽度为 1 ～ 10 m，通常小于 5 m，深度最多可达 0.5 m
正常麻坑	直径为 10 ～ 700 m，深度为 1 ～ 45 m
拉长形麻坑	长轴比短轴长很多
眼状麻坑	麻坑中心出现声学强反射区域
链状麻坑	单元麻坑或者小型正常麻坑排列成直线或曲线形
复合麻坑	正常麻坑成群出现或者由几个麻坑合并而成

在地貌形态上，麻坑主要呈"V"形、"U"形以及"W"形三种形态，且多数呈不对称状。麻坑的原始大小以及形态主要取决于下伏流体储层的容积、超压大小和流体成分，同时也受流体渗漏类型、海底沉积物的流变能力及颗粒大小、下伏地层的构造情况的控制（罗敏等，2012）。

第二节　麻坑形态和结构特征

在浅地层和地震剖面中，利用断层、强反射、声空白、气烟囱和丘状体等特征，可识别出麻坑与流体运移、流体渗漏相关的指示标志。

（1）麻坑底部地层中发育有强反射，是流体存在的证据之一。由于流体与围岩的波阻抗差异而形成强反射，发育麻坑的地层中发现多组直达海底的断层，表明该处麻坑的形成是由流体沿断层喷发出海底形成的。

（2）麻坑地层中含有气烟囱，在地震剖面中通常表现为垂向柱状特征，这是由于气层的反射屏蔽和低速异常，会使反射波信噪比降低，最终在地震剖面上产生反射模糊带。

（3）在地震剖面上，麻坑正下方浅部存在似海底反射，深部则出现反射杂乱含气带，含气周围可见增强反射层。

（4）在麻坑附近区域通常会发育丘状体，内部通常存在混乱发射和空白反射，其形成通常与内部存在大量气体有关。当海底内部失去温压平衡后，地层中的气体发生流动，沉积物向上隆起，形成丘状体。因此，丘状体的存在可以作为地层中气体存在的重要指示标志。研究表明麻坑内部的丘状构造可能是天然气水合物埋藏膨胀引起的（尚久靖等，2013）。

第三节 南海主要海底麻坑分布特征

调查表明，麻坑主要集中在南海北部珠江口盆地陆坡区、琼东南盆地陆架区、西沙群岛西部海台区、西沙群岛西缘陆坡区、南海西部广乐隆起北部及南部区、中建南海盆北部，以及南海南部礼乐滩、北康。麻坑发育面积广，与区域性的海底气体和油气分布具有一定的关系（图5.1，表5.3）。

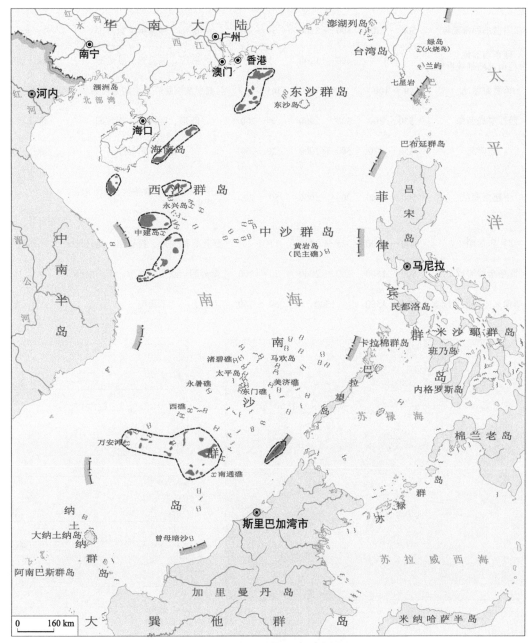

图5.1 南海麻坑分布范围图

一、南海北部

珠江口盆地陆坡麻坑区面积约514 km²。该麻坑区主要由15个麻坑组成，水深范围为1000～1300 m（图5.2）。麻坑平面上呈圆形或椭圆形，孤立分布，横剖面呈"U"形。麻坑规模属大型麻坑。麻坑周围坡度较平缓，为2°～7°，深度为20～40 m。大部分麻坑直径为1.6～3.2 km，深度为30～60 m。椭圆形麻坑长1.9～3.5 km、宽1.3～1.5 km。麻坑呈北西西或北东东向展布，与水深线平行（图5.2）。

表5.3　南海主要麻坑分布特征

	区域	水深 /m	直径 /m	坑深 /m	形状	备注
南海北部	南海北部珠江口陆架	100～210	30～100	1～3	圆形、椭圆形	周川等，2013
	珠江口盆地西部陆坡	500～1300	800～3500	30～60	圆形、椭圆形、新月形	本书；陈江欣等，2015
	琼东南盆地海南岛南部陆架坡折带	170	400～1200	4～18	圆形、椭圆形、彗星形	陈江欣等，2015
	莺歌海盆地	9～100	0.5～20	0.5～6.7	圆形或椭圆形，个别为长条状	邸鹏飞等，2012
南海西部	西沙群岛西缘	550～800	300～2000	9～200	圆形、椭圆形、新月形	陈江欣等，2015
	广乐隆起	450～470	500～1000	20～60	圆形、新月形	陈江欣等，2015
	中建南海盆	500～3000	200～3000	50～200	圆形、椭圆形、串珠状、新月形、不规则形状	孙启良，2011；陈江欣等，2015；杨志力等，2019；Sun，2013；祝嵩等，2017；本书
南海南部	礼乐盆地	600～1300	325～2402	4.5～105	圆形、椭圆形、拉长形、新月形	张田升等，2019
	北康暗沙海域	800～1500	200～2000	20～100	新月形、圆形、线形、不规则形	本书
	南沙海槽东南侧发育陆坡	500～1500	1500	60～160	圆形	本书

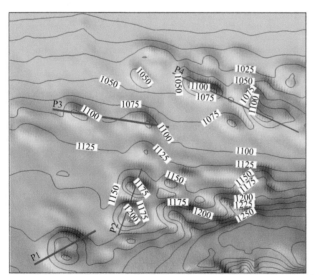
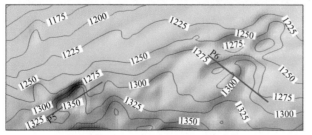
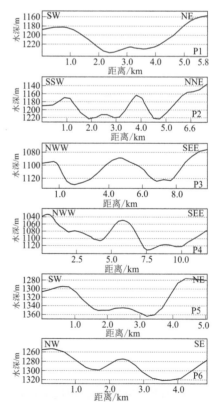

图5.2　麻坑三维地形阴影图（左）以及麻坑地形横剖面（右）

地震剖面显示，麻坑之下地层发育有似海底反射层（bottom simulating reflector，BSR）反射，在1.6～2.0 s位置发育有低连续，空白杂乱反射层，表明麻坑之下的地层发育有天然气水合物气或浅层气。地震剖面揭示该区发育有浅断层，浅断层连接到地层深部的大断层，气体沿着断层上移并逃逸出海底，造成海底发生滑塌最终形成麻坑（图5.3）。

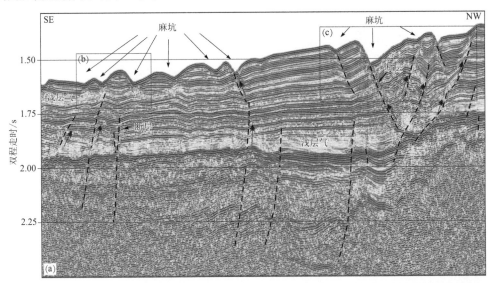

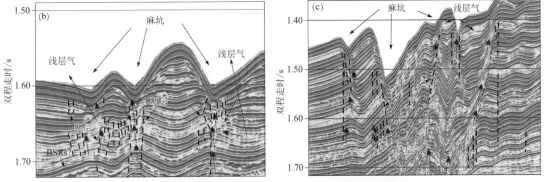

图5.3　南海北部海底麻坑地震反射特征及其与断层关系图
(a)单道地震剖面揭示麻坑区BSR、浅层气和正断层发育；(b)和(c)为局部放大剖面，显示杂乱空白反射，BSR和层间断层关系。蓝色箭头指示浅层气运移方向

　　莺歌海盆地中央拗陷区和莺东斜坡带发育有麻坑群。通过旁扫声呐在莺歌海盆地、海南岛西南海域的岭头岬、莺歌海河口、崖州湾、南山岬和天涯海角等地区大约分布100多个正在渗漏气体的喷口和麻坑。莺歌海盆地莺东斜坡带单个麻坑直径为0.5～2 m，深度为0.5～1 m，形状为圆形或椭圆形。中央拗陷带麻坑面积直径为5～20 m，深度一般在0.5～6.7 m，形状为圆形或椭圆形，个别麻坑直径可达100 m，深度约55 m（邸鹏飞等，2012）。

二、南海西部

南海西部的大型麻坑群主要是指重云麻坑群和中建海底峡谷麻坑群，分布在陆坡水深1000～2000 m处。

（一）重云麻坑群

重云麻坑群位于中建南海盆北部，日照海底峡谷群东部、中建南斜坡西南部。麻坑呈片状大面积分布，直径为500～3000 m，麻坑深度在50～200 m（图5.4）。

图5.4　重云麻坑群三维地形示意图

（二）中建海底峡谷麻坑群

中建海底峡谷群由呈北西-南东向延伸，是中建海底峡谷群沉积物的输送通道，其东南端融入中建南海盆。中建海底峡谷麻坑群位于中建海底峡谷群两侧（图5.5），其南部是中建南海盆，为中建阶地往东南向中建南海盆的缓坡过渡带，北东向长约150 km、北西向宽约66 km，坡度一般为1°～2°。麻坑呈片状大面积分布，大小从20～3000 m不等，深度在5～200 m，坑群边缘水深为700～1300 m。麻坑有孤立状、长轴状和串珠状。麻坑西南部与重云麻坑群相邻。

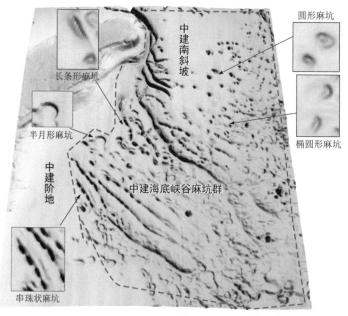

图5.5　中建海底峡谷群麻坑群示意图

　　地震剖面显示，麻坑区地层主要呈弱反射或局部杂乱反射特征，浅部地层还发育大量的正断层，且靠近断层一侧地形陡倾，而西面较缓倾斜，说明麻坑与断层也有密切关系（图5.6）。断层大部分切至海底，表明断层是气体的主要通道。气体通过断层向海底逃逸，形成麻坑，后期在海底底流的冲刷下，导致局部地层发生滑坡，逐步形成该区特有的大型麻坑群，部分麻坑被后期的沉积物充填。

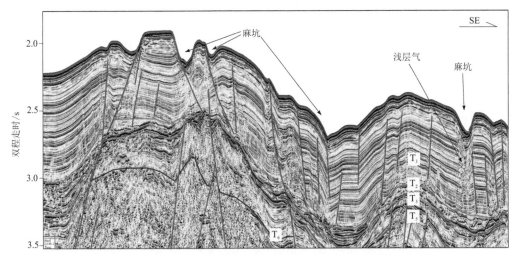

图5.6　南海西部海底麻坑地震反射特征及其与断层关系图

　　对麻坑区45个麻坑的形态统计表明，麻坑形态主要为圆形、椭圆形和半月形三种，以圆形和半月形为主。麻坑直径为0.87～3.21 km，平均直径为1.63 km。麻坑深度介于18.1～165.1 m，平均值为97.91 m。麻坑的长轴与下切深度的统计结果表明，两者之间没有线性关系（Sun et al.，2011）。

　　中建南海盆麻坑区发育海底峡谷水道，尤其是条带状麻坑大多位于峡谷群水道上，水道上的底流冲刷能将麻坑上的沉积物带走，有利于麻坑形成（祝嵩等，2017）。海底表层沉积物颗粒大小对麻坑尺寸有影响。麻坑群的表层沉积物主要是泥或砂质泥等细颗粒，沉积物颗粒越小越容易被搬运走，为麻坑的发育提供更大的空间（祝嵩等，2017）。

　　麻坑地貌是天然气水合物藏失稳释放大量气体形成的，在天然气水合物赋存区出现麻坑地貌的海底，是海底底床不稳定的潜在信号。在资源探勘和开采过程中极易导致工程灾难（钻井安全）、地质灾害（海底滑坡、滑坡）、环境效应（全球气候变暖）等地质和生态灾害问题。

　　研究表明，南海西部中建海域海底形成麻坑的流体可能有四种来源，分别是火山热液、天然气水合物分解的气体、沿断裂向上运移的深部油气及火山热液与天然气水合物分解气体的混合（杨志力等，2019，2020）。

　　火山热液形成的海底麻坑以圆形和椭圆形为主，规模较大，直径可达6.4 km，深度可达170 m。麻坑内地形不平坦，坑内有呈环状分布的脊，中心位置最低，四周较高，通常孤立分布，不成群也不成带。在横切麻坑的地震剖面上可以在麻坑的正下方或侧下方发现有火山的发育，这种火山通常并未喷出海底，只是侵入到海底以下地层中；在麻坑下部的地层中可以发现有滑脱断裂的发育，有的可以从火山侵入体顶部一直延伸至海底，推测这种断裂是由于早期火山上拱，在以火山为中心的张性区域产生环状向中心倾的正断裂，从而导致浅层地层向中心位置形成塌陷。由于浅部地层尚未成岩，塑性较大，在麻坑内部的地层以塑性变形为主，形成阶梯状塌陷特征（图5.7）（杨志力等，2019）。

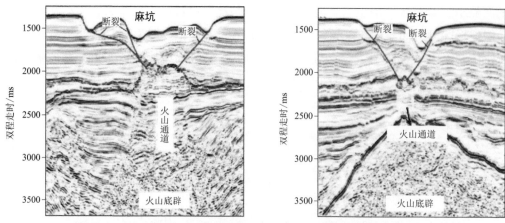

图5.7　火山活动形成的麻坑典型剖面图（据杨志力等，2019）

　　南海西部水合物分解触发形成的海底麻坑规模较小，形状各异，有拉长形、新月形等。在麻坑以下四周浅部的地层中可以发现有BSR的存在，而在海底麻坑的正下方没有BSR的存在，推测在麻坑形成之前该位置是有BSR存在的，由于后期受突发事件的影响，水合物分解，逃逸至海底，导致了海底麻坑的形成（图5.8）（杨志力等，2019）。

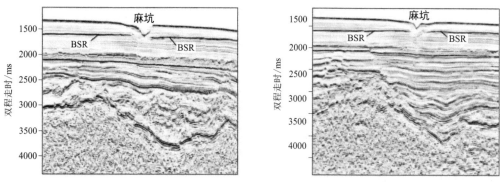

图5.8　南海西部水合物分解形成的麻坑典型剖面图（据杨志力等，2019）

　　混合流体形成的麻坑往往形态比较复杂，规模一般较大。麻坑下方火山、断裂发育，但BSR不发育（图5.9）（杨志力等，2019）。

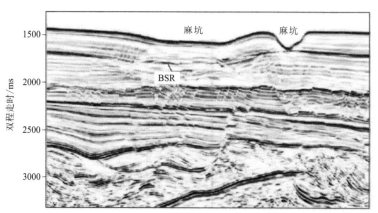

图5.9　多因素混合形成的麻坑典型剖面图（据杨志力等，2019）

三、南海南部

南海南部麻坑集中分布于万安海台、南薇海台、马欢海丘、安渡海山和南安海山五个区域（图5.10～图5.12）。麻坑形态以新月形为主，另有圆形、线形和不规则形等多种，直径一般为200～2000 m，深度为20～100 m不等。南海西南部安渡海山上发育大量的麻坑，水深分布范围为800～1500 m，单个麻坑的平面形态主要为圆形，直径为1.5～2.3 km，深度为45～130 m。南海南沙海槽东南侧发育陆坡陡坡上发育有大量的麻坑，水深分布范围为500～1500 m，麻坑平面形态主要为圆形，直径约1.5 km，深度为60～160 m（图5.12）。

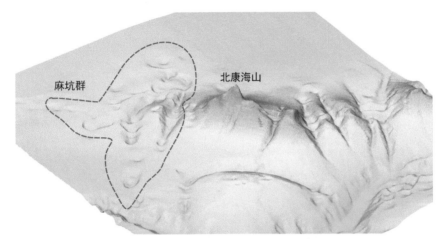

图5.10　北康海山附近的麻坑示意图

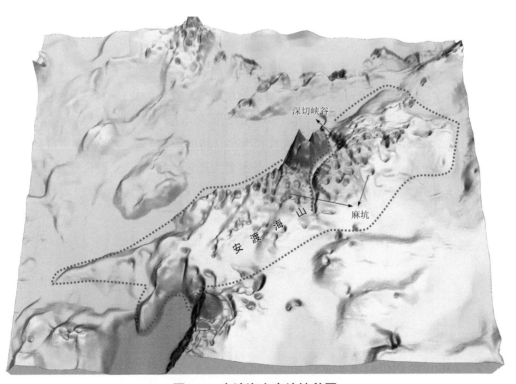

图5.11　安渡海山麻坑地貌图

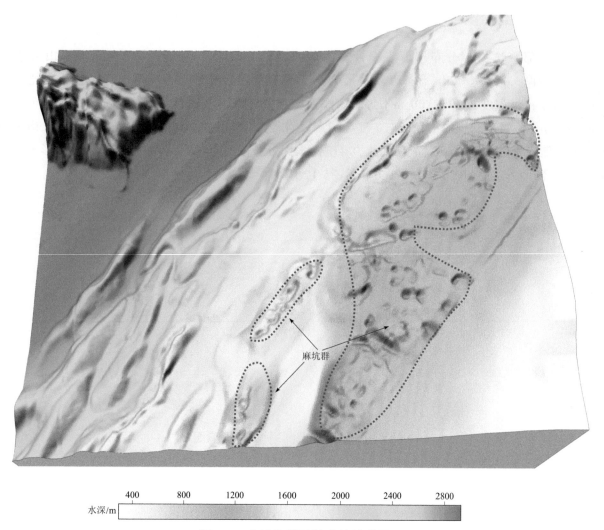

麻坑群

水深/m
400   800   1200   1600   2000   2400   2800

图5.12　南沙海槽陆坡麻坑地貌图

　　南海礼乐滩海域水深600～1300 m内共识别出海底麻坑81个，直径为325～2403 m，平均直径为874 m，麻坑深度为4.5～157 m，平均深度约34 m。单个麻坑的剖面基本呈"U"形或"V"形，麻坑内壁坡度整体变化较大，最小为2°，最大可达32°。按麻坑直径大小，将麻坑划分为普通麻坑（直径小于700 m）、大型麻坑（直径大于1000 m）。单个麻坑平面形态主要为圆形、椭圆形、拉长形和新月形，个别麻坑变形严重，平面形态不规则（图5.13）。按照麻坑组合方式，则可分为独立麻坑、链状麻坑和复合麻坑（张田升等，2019）。

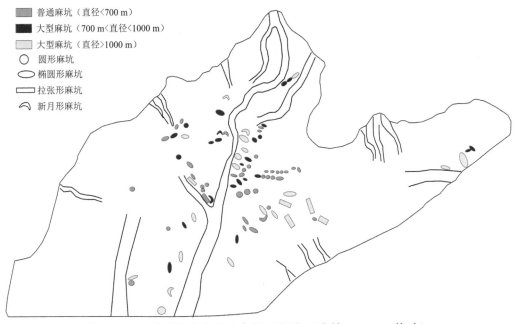

普通麻坑（直径<700 m）
大型麻坑（700 m<直径<1000 m）
大型麻坑（直径>1000 m）
○ 圆形麻坑
⬭ 椭圆形麻坑
▭ 拉张形麻坑
〜 新月形麻坑

图5.13　礼乐滩海底麻坑分布图（据张田升等，2019，修改）

第四节　麻坑危害性

　　麻坑是海底流体活动从海底流体溢出的标志性遗迹地貌。麻坑在赤道西非陆坡、白令海、北海、加拿大西部陆架、墨西哥湾、黑海和南海等海域发育，可指示海底天然气水合物等资源和潜在地质灾害，其活动还会增大滑坡等海底地质灾害的可能性，对海洋油气钻探和海底管缆铺设等工程建设造成安全隐患。

　　流体逸散是麻坑发育的主要原因，而海底表层沉积物的颗粒大小与底流强弱是麻坑发育的控制因素，颗粒越小，底流越强，则越有利于麻坑的发育，甚至形成巨型麻坑，反之则不利。根据麻坑的表面形态，麻坑的发育主要是一个从新月形麻坑到马蹄形麻坑，到环形麻坑，再到圆形麻坑的过程，部分新月形、马蹄形和环形麻坑可能是活动的麻坑（拜阳等，2014）。

　　研究表明，麻坑形成过程中，泄露的甲烷等气体沿断层和气烟囱等通道迅速喷发出海底，会导致海底泥、砂等沉积物上浮，与周围水体相混合，形成混合流体。该类流体沿坡向下运移，逐渐发展成浊流。浊流在运移过程中对海底不断侵蚀，对周围海底地貌和海底峡谷或冲沟的形成产生重要影响。海底麻坑区地层物性会变差，而且常因海底面凹陷对钻井井口设施带来影响。麻坑区的沉积地层结构分析表明，麻坑内外土体的物理力学特性差异主要是由浅层气的存在造成的。麻坑内土体为非饱和土，而麻坑外未受影响的土体为饱和土，两者的主要区别在于前者的孔隙中存在浅层气，包括游离气和溶解气，而后者的孔隙中基本不存在游离浅层气（何旭涛等，2020）。麻坑中逸散的流体可能会改变局部海底生物多样性，甲烷作为一种温室气体从麻坑中渗漏到海洋水体乃至大气中可能对海洋生态系统及大气环境造成影响。

　　麻坑的形成通常是由于海底沉积物中的流体在超压作用下突然喷逸，伴随着间歇性的短暂流体渗漏而形成，之后麻坑可能会经历很长一段时间的休眠期或微渗漏期（Judd and Hovland，2009）。目前全球深海海域发现的麻坑大多数是不活动的，即使仍处于活动的麻坑，在不同的位置（如麻坑中心与麻坑翼部）流体活动的强度也是不同的（Hovland et al.，2002）。研究通过南海西部巨型麻坑区柱样孔隙水组分浓度剖面推断该麻坑中含甲烷流体正在发生渗漏，但较之过去渗漏强度已明显减弱。该麻坑可能处于麻坑活动的衰落期，形成麻坑时的大量流体已经发生喷逸，只有残余的含甲烷流体发生缓慢的渗漏（关永贤等，2014）。

　　麻坑失稳造成的海底崩塌、滑坡和浊流现象不仅诱发更大规模的海底地质灾害，而且对海洋生态环境造成毁灭性破坏。此外，海底麻坑等灾害性地貌的会反作用于海洋工程，缩短其使用寿命，造成更大的经济损失。因此，应高度重视海洋工程建设引起的海底地质灾害和生态环境风险（曹超等，2019）。

　　对于麻坑的灾害性目前还缺乏深入研究，若要获得麻坑区流体来源、运移通道和驱动机制以及生物地球化学等方面的详细信息，需要对海底麻坑进行系统全面的研究，有必要对麻坑及其冷泉系统的温度、压力、盐度、CH_4浓度等方面进行长期的原位监测，积累相关资料和数据，得到规律性的认识和结论，探明局部海底流体释放的规律，有助于了解麻坑相关的地质灾害，并开展合理预测。

第 / 六 / 章

古 河 道

第一节 古河道定义与分类

第四纪以来南海经历多次海平面升降变化，在低海平面时，侵蚀基准面下降，河流下切、侵蚀，在南海陆架陆坡上形成了宽度不一、下切深度各异的古河道，当后期海平面上升，河道被沉积物充填，则形成埋藏古河道。根据地震反射特征，古河道充填结构可分为杂乱型反射、前积型反射、发散型反射和上超型反射四个类型（图6.1）。

(a) 杂乱型反射　　　　　(b) 前积型反射　　　　　(c) 上超型反射　　　　　(d) 发散型反射

图6.1　古河道地震反射特征分类图（据刘世昊等，2013）

一、杂乱型反射

地震反射特征呈杂乱反射，是汛期洪水带来的滞留沉积，呈杂乱堆积，充填物分选差，物质成分粗至漂石、卵石、砾石、粗砂，细至黏土[图6.1(a)]。该类型充填物一般较为密实，承载力较好，可用作一些工程结构基础的持力层。该类型充填物分布不均匀，又与周边地层有着显著的差异，会给海洋工程的基础设计带来不小的麻烦，也是需要考虑的灾害因素之一（刘世昊等，2013）。

二、前积型反射

发育于不对称古河道断面较缓一侧的边坡上，即边滩或河漫滩堆积，充填物比较复杂，主要为砂土，同时也会包含砾石层，上部往往发育较细的砂或粉砂夹黏土层，下粗上细，发育槽状交错层理[图6.1(b)]。河流阶地堆积也表现为这种反射类型。物质成分主要为细砂、砂质黏土和粉土。边滩、河漫滩堆积虽然分选较差，但是密实程度较好，承载力高，地层结构面一般水平或微倾，不易诱发随层面错动的地质灾害，可用作持力层。河流阶地堆积平面分布平稳，基底往往为河漫滩相，因而工程性质较好，可用作持力层。因此，在工程基础设计中，往往忽略其对工程基础的影响（刘世昊等，2013）。

三、发散型反射或上超型反射

上超型反射又称作平行或亚平行反射，多见于对称性河道断面和复杂型古河道断面[图6.1(c)、(d)]。河道断面表现为发散型或是上超型的反射特征，广泛分布于滨海相和潮坪相地层中，沉积物主要为分选较好的细砂和粉砂，属于河口溯源堆积类型。由于溯源堆积孔隙度大，易产生沙土液化，属于不良工程地质条件，因此在进行工程建设时，应避免使用该类型充填层作为工程建筑物的地基使用（刘世昊等，2013）。

第二节 南海古河道分布特征

一、南海北部

南海北部古河道广泛分布在陆架区，是冰期低海面时河流下切而形成的河流地貌（图6.2）。埋藏古河道则是经冰后期海面上升、波浪、潮流等水动力作用，被现代沉积物不断充填、覆盖形成的。通常来说，下切河谷底部会在低位期充填一些粗粒的河道滞留沉积，而大部分的沉积充填是在海侵期进行，甚至持续到下一个海平面旋回（Boyd et al., 2008）。

图6.2　南海主要古河道分布图

　　简单充填通常是在一个海平面周期内完成的，内部难以识别出其他次级界面，总体结构较为简单，同样具有多种亚类（图6.3）。古河道地震剖面特征呈"U"形和"V"形两种类型。按照规模来讲小型古河道宽度可达100～500 m，深度小于10 m。中–大型下切河道宽度超过2 km，深度超过20 m[图6.3(f)]。按照内部充填结构的不同，可表现为对称或不对称的向心状反射或强振幅杂乱反射等。虽然以强振幅为主，但是个别情况下也可以表现为弱振幅[图6.3(a)]。

　　调查资料揭示，珠江口外发育纵横交错的网状水系，主要的古河道有五条。这些古河道从上游至下游有逐渐变浅变窄的趋势。上游属于顺直微弯型河道，河道宽为2000～5000 m，下切深度为10 m左右，深槽和浅槽交替出现，两侧的边滩交错分布。下游主要为过渡型和分汊型河道，过渡段河道下切深度可达10～15 m，浅滩较为发育；分汊型河道较为宽浅，宽度为2000～3000 m，心滩、江心洲较为发育。

　　韩江口外也有四条主要古河道分布，但其分布范围和规模远小于珠江水系古河道，这四条古河道分别源于黄岗河口、韩江口、榕江口以及练江口，其长度分别为38 km、30 km、66 km和63 km，古河道宽1000～1500 m，下切深度10～15 m。

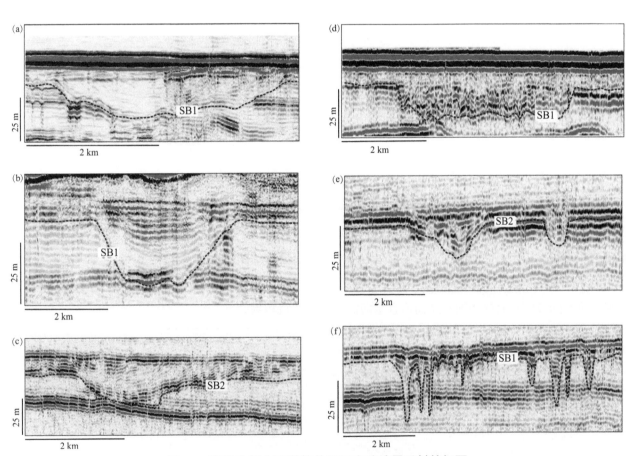

图6.3　南海北部古河道简单下切充填地震反射特征图

(a)～(f)为中大型、"U"形下切河谷；(e)～(f)为小型、"V"形下切河谷

多期复合充填通常反映了叠加在低频海平面旋回之上的高频海平面变化（Boyd et al.，2008），内部常常可进一步识别出多个次级下切界面或层序界面。地震剖面揭示陆架区多期古河道，显示出两个相向迁移的复合下切河谷，迁移过程中河道同时存在明显的加积作用，河道深度明显变小，直至河道形态完全消失（图6.4）。

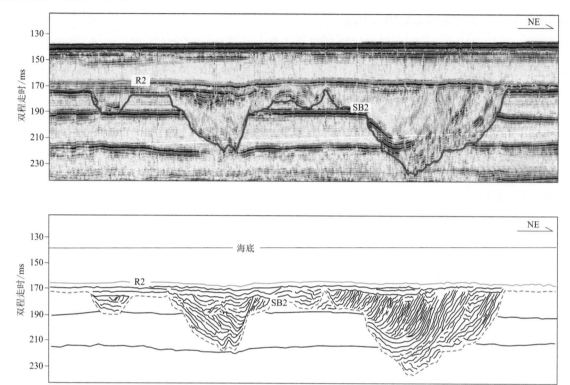

图6.4 复杂多期古河道充填地震相示意图

位于近岸位置的复合下切河谷，其内部充填以多期河道下切为主，明显缺少弱振幅的海侵泥岩段，这表明河道发育区主要受到了河流控制。通过精细的地震相分析发现该大型下切河谷至少发育过六期下切，推测这些下切作用与高频海平面升降旋回（五级或以上）有关（图6.5）。

除了陆架区的下切河谷，在上陆坡区同样发现了古河道下切充填的特征（图6.6）。这些陆坡区的下切河道可与陆坡峡谷直接沟通，从而可直接向深水区输送沉积物。

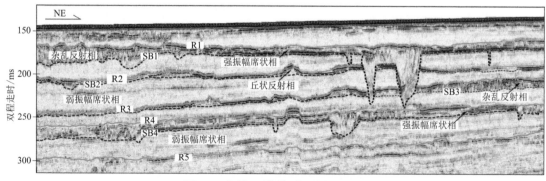

图6.5 多期河道地震反射特征图

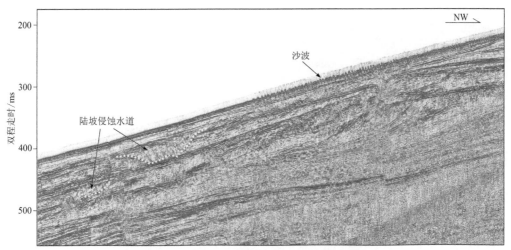

图6.6　位于上陆坡区的充填河道示意图

南海北部陆架内河流以泛滥迁移型为主，因大陆架地形平坦，沉积物较容易被冲刷，在水流作用下，容易展宽变浅，出现不规则的边滩和心滩，使水流分散，因而除了以南北向河流为主体外，还有众多纵横交错网状相连的支流以及湖泊沼泽地。随着河流频繁改道，废弃的河道甚多，这些河道一般被埋藏在海底之下2～5 m，其覆盖层自北向南变薄，到南端有的出露海底，并遭受强烈的侵蚀改造。

河道沉积结构较为复杂，古河床基底凹凸不平，形态各异，常常潜伏在海底下几米至几十米深。河床中以侧蚀和加积为主，不同部位的物质组成、土工特性截然不同，对海底工程设施是一种潜在的地质因素。

二、南海西部

南海西部中建海域附近，古河道主要分布在中建南斜坡陆架区和陆坡峡谷区。古水道总体呈北西-南东向展布（图6.7），地震剖面特征呈"U"形或"V"形，水道呈"V"形，表明水道侵蚀能力比较强，内部为强振幅反射。按照规模来讲小型下切水道宽度可达100～500 m，深度小于10 m。中-大型下切水道宽度超过2 km，深度超过20 m。按照内部充填结构的不同，可表现为对称或不对称的向心状反射或强振幅杂乱反射等。虽然以强振幅为主，但是个别情况下也可以表现为弱振幅（图6.8）。

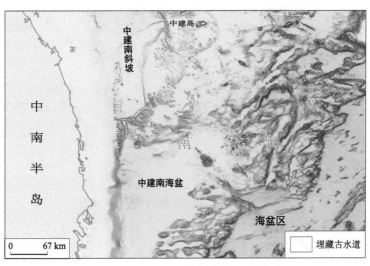

图6.7　南海西部埋藏古水道分布位置图

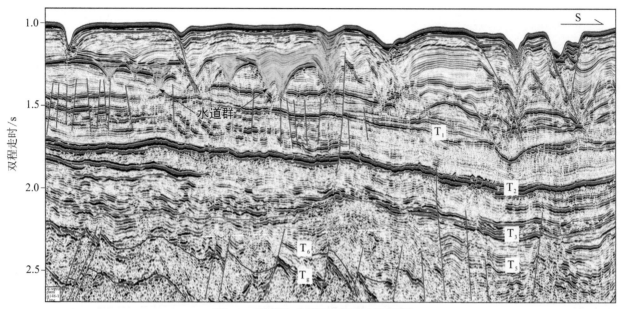

图6.8　埋藏古水道地震反射特征图

三、南海南部

古河道主要集中在巽他陆架的西部、西南部、南部和东南部四个区域，其中西南部的古河道最为发育，为古巽他河的干流；其次是西部和东南部，南部的古河道体系规模较小。

巽他陆架古河道宽度从几十米至几千米，深度从几米至几十米不等。古河道的边界轮廓反射强度较强，轮廓线清晰，具有明显的河谷横断面形态特征，古河道内的充填物质具有清晰的斜层理，振幅频率中等，与周边的平行层理角度不整合（图6.9）。古河道的发育与浅表断裂关系密切，断裂切穿海床，使得海床起伏不平，并且破坏了地层的整体性，利于河道侵蚀发育。

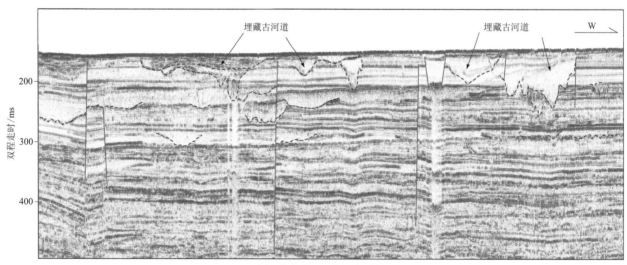

图6.9　陆架浅谷与埋藏古河道分布图

第三节 古河道危害性

南海是我国重要的油气资源潜力区，人类活动以油气勘探与开发工程居多。海洋工程中的上部构筑物以桩基础为主，埋藏古地貌对其影响可分为直接影响和间接影响。河道是一种线性地质体，河谷基底凹凸不平，河道内充填的沉积物结构复杂多变，河曲堆积淤泥，主泓道堆积砂砾石，形成一种特殊的地质体。古河道对海洋工程的影响分为直接影响和间接影响两种。

一、直接影响

古河道底界常呈连续波状起伏的强反射，内部反射多为杂乱相，河道内部被颗粒较粗的砂砾质充填时反射强，被泥质充填时反射弱。此外，河流沉积多具复杂性和多变性，河道内部沉积构造复杂、结构多变、沉积物分布不连续的特点。在古河道内部，水平方向上的沉积物在粒度组分、分选程度、密实度、抗剪强度等方面通常也差别较大，从河谷到河漫滩与岸边，它们的粒度组分、分选度、密度、固结度、抗压强度、抗剪强度都不一样，往往几米相隔，土体物理力学性质会截然不同。土力学强度的差异与土质的不均一性是海底工程构筑的潜在灾害地质因素，可导致以古河道作为桩基持力层的海洋平台发生不均匀沉降，倾稳性安全受到影响。

在古河道边缘区域，当古河道作为桩基持力层时，更多表现出直接影响。如海洋平台相邻桩基间距通常可达30～40 m，要保证海洋平台的倾稳性安全，要求持力层密实、连贯、统一。在埋藏古地貌与周边地层接触区域，当海洋平台的相邻桩基横跨埋藏古地貌内外时，由于充填物的性质与接触地层不一致，即持力地层不均一，可能会导致桩基沉降的不均一，进而使平台倾斜失稳（李晶等，2011）。

二、间接影响

在地震、海浪和潮流及重大工程建设施工等外部动力、荷载联合作用下，古河道极易触发顺层滑坡。古河道内沉积存在砂土液化和软土震陷潜在地质灾害，不仅会在海上工程开挖或桩基施工中，给施工带来直接威胁，也将会长期影响海上设施的安全运行。古河道新近沉积松散充填物的不均匀沉降作为一种缓变的工程地质问题，将长期影响海上建筑物的安全运行（李振等，2018）。

古河道充填物中常含有大量的有机质，可能会形成浅层气，使地层松散多孔隙，对海上桩基工程十分不利。此外，埋藏古河道充填物具有较强的渗透性，在长期侵蚀、冲刷及上覆荷载作用下，容易发生局部塌陷，使地层原有的结构破坏，进而造成构筑物基础失稳。

第 / 七 / 章

浅 层 气

第一节　浅层气定义与分类

海底浅层气是一种常见而危险的海洋灾害地质因素，在世界海洋矿产开发史上，由于浅层气直接导致的灾害损失占各类灾害总损失的比例高达30%～50%（叶银灿等，2012）。

浅层气通常指海底以下数十米至数百米地层内聚积的有机气体，最深可达1000 m（叶银灿等，2003；李斌等，2009）。浅层气成因一般可分为两类：生物成因甲烷气和热成因甲烷气，有时浅层气以含气沉积物（浅层气藏）存在。浅层气中主要包括甲烷、乙烷、氨气等成分，其中甲烷含量高，而且分布范围较广（叶银灿等，2003）。生物成因甲烷浅层气是由大量的陆源碎屑物质带来丰富的生物碎屑和有机质，沉积在海底时经甲烷菌的分解逐步转化成气体而形成的浅气藏。热成因甲烷气是在海底以下较大深度，在高温高压下由于干酪根裂解，形成许多碳氢化合物。热成因甲烷气上升到海底浅层时往往会受到细菌作用，其性质可能发生改变（Hsueh and Willam，1996）。

浅层气一般是沿垂直方向向上运移，在高渗透性的砂质沉积物或裂隙发育的岩层中，浅层气多是沿地层上倾方向运移。浅层气通常以层状浅层气、团（块）状浅层气、高压浅层气囊和气烟囱等四种形态赋存于海底（叶银灿等，2003）。

层状浅层气：沉积物中有机质分解成的气体，与沉积物相伴生，呈大面积的层状分布（图7.1），主要发育在海底埋藏的古湖泊、古河道、古三角洲等地区（叶银灿等，2003）。

团（块）状浅层气：由于海区各地沉积物中富集的有机质含量不同，沉积物孔隙率的大小不同，浅层气通常不是均匀分布的，常常成团（块）地相对富集于某一区块或某几个区块（图7.2）。

高压浅层气囊：深部天然气沿地层孔隙、裂隙、断层面上升到海底浅部，被上覆不透气层（如黏土）覆盖，随着时间的推移，压力越来越大，形成高压气囊（图7.3）。

气烟囱：高压气囊在长期强大的压力下，向上部覆盖层的薄弱处冲挤，出现气底辟并冲破全部覆盖层向海底直接喷逸（图7.2）。

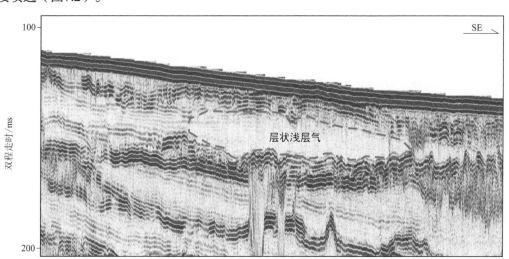

图7.1　层状浅层气地震反射特征图

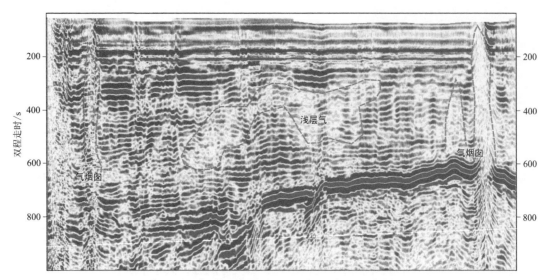

图7.2 团块状浅层气和气烟囱地震反射特征图

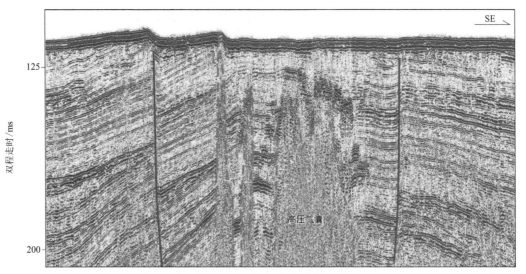

图7.3 高压气囊地震反射特征图

第二节 浅层气形态和结构特征

一、声学空白反射

声学空白反射是浅层气典型的地球物理特征之一，是指由上部连续或断续的较强的反射界面屏蔽下部地层反射信号所形成的屏蔽区。声波向下传播到含气地层与正常地层界面时，绝大部分声波能量向上反射，只有少量声波能量向下继续传播，所以含气地层在声学地层剖面上表现为回波信号能量弱，为杂乱无规则的弱反射，正常地层反射波同相轴在此中断，与周围地层的反射波能量相比，表现为声学空白反射特征（杨肖迪等，2020）。

声学空白反射表明地层中存在高孔隙压力的含气带。含气地层由于地层中的气体导致地震反射波振幅减弱，地震反射波穿过含气地层时能量被部分或全部吸收，或海底与含气层之间的波阻抗差异使得声波能量几乎被反射回去，穿透能量少，反射难以或不能被连续追踪，出现空白反射区。声空白发育部位，表明其在沉积、构造或其他特征上均有明显的异常（图7.4）。

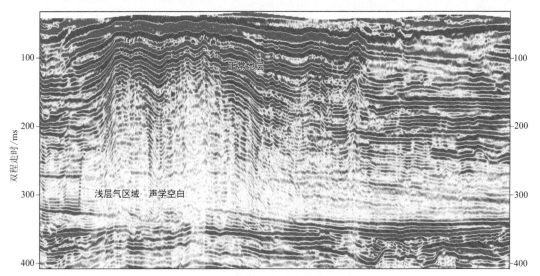

图7.4　浅层气声空白地震反射特征图

二、增强反射层

增强反射层表现为连续反射层上的局部幅度增强反射，由饱含水的沉积层与含气沉积层间的巨大声阻抗差异所致。浅层气顶部侵入正常地层内部，相对于海底和正常沉积的地层，浅层气顶部为不规则的锥形或弧形。当浅层气扩散进入地层内部，在地层内部形成含气区，浅层气顶部反射同相轴较杂乱（图7.5），形成了不规则强反射界面（杨肖迪等，2020）。增强反射层常从声混浊带侧向延伸而出，代表了浅部气体聚集在有孔隙（富含砂）的沉积物中。浅地层剖面中的增强反射层多位于构造高部位，与沉积层反射界面重合，且经常多层叠合出现，可能是气体沿欠压实沉积层界面侧向运移汇聚的结果。

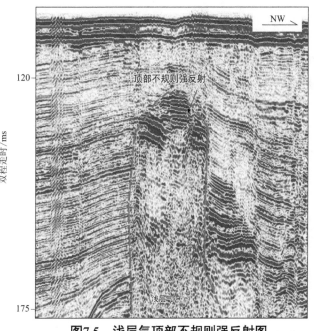

图7.5　浅层气顶部不规则强反射图

三、速度下拉

速度下拉表现为水平反射层向下倾斜或弯曲，通常在气体聚集的边缘带出现，是地震波速度在气体聚集带或气烟囱边缘下降导致走时增加的缘故（图7.6）。

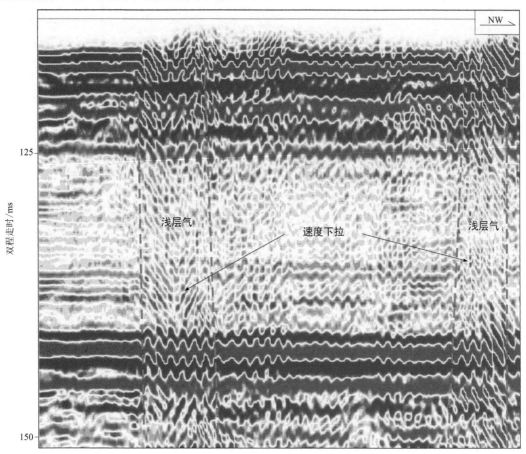

图7.6 浅层气速度下拉地震反射图

四、气烟囱

当海底浅层气的压力很大时，在声学剖面上呈现雾状、烟囱状的水柱，这种类型的浅层气称为"气烟囱"。识别"气烟囱"浅层气声学剖面的标志为：①条状声学空白带，由于浅层气的存在，使得反射层模糊；②剖面上的垂向呈现"柱状声扰动"或"气烟囱"特征。

这是由气体向上运移导致正常地层层序的地震反射被扰乱所致（图7.2）。

第三节 南海浅层气分布特征

一、南海北部

南海北部分布着大面积的浅层气，北部湾盆地、莺歌海盆地、琼东南盆地、珠江口盆地等盆地内均发现有浅层气分布（图7.7）。南海北部浅层气与断层关系密切，浅层气沿着断层通道上升，出现异常地震反射，即声波被吸收或严重屏蔽，产生反射空白带（区）。因此，在断层出现这些异常反射构成的地震模糊区，要考虑浅层气的存在。

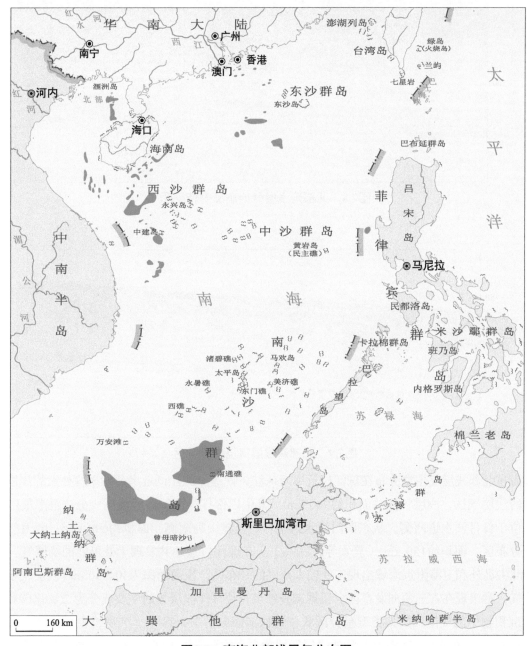

图7.7 南海北部浅层气分布图

　　南海西北部北部湾内浅层气分布面积小，仅局部地区发育小规模的气烟囱，可能与该部位浅部含气构造有关（图7.8，图7.9）。2000年在莺歌海油气资源开发区调查时，发现少部分浅层气不同程度地溢出海底。莺歌海测区内浅层气上升至海底以下的深度大部分为5～10 m，个别地方为15 m，最大的载气沉积区面积大于1400 km²。从所圈定的区域来看，气区一般分布在洼地内，有可能是浅层沼泽气，但也有可能是深部石油天然气运移而成（李萍等，2010）。统计资料表明，油气藏分布区浅层气分布更广，如涠洲10-3N、涠洲11-4、涠洲12-8等油气藏分布区海底都发现浅层气，而且常以高压气囊出现（叶银灿等，2003）。

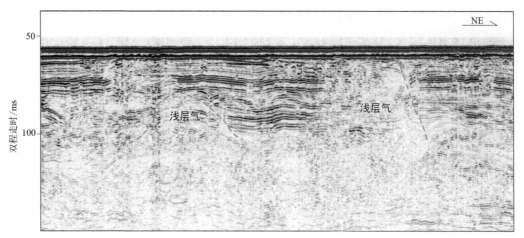

图7.8 北部湾浅层气地震反射特征图

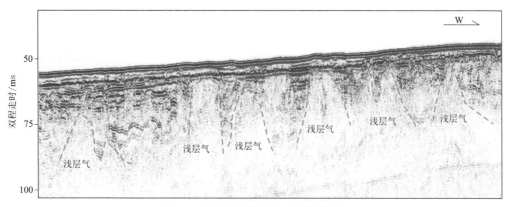

图7.9 北部湾浅层气反射模糊区

在南海东北部浅层气主要分布在珠江口近岸及珠江口盆地。珠江口近岸共发现两处大的浅层气区和多处小范围的浅层气区，浅层气区总面积约900 km²，其中以伶仃洋西侧海域浅层气分布范围最广。伶仃洋浅层气区位于伶仃洋水道西侧，从东四门沿水道下行，至桂山岛南侧，面积约600 km²；磨刀门外出现一大范围的分布区，面积约150 km²（夏真等，2006）。在珠江口盆地共发现十处可能的浅层气，其中大万山岛外、北尖岛外和卫滩附近海域出现三处较大范围的分布区，顶面埋深为30～40 m。浅层气多是生物形成的甲烷气，常出现在古三角洲发育区。根据调查结果，伶仃洋浅层气的主要成分为二氧化碳和甲烷，产出方式为沉积物中的气体，储集类型呈分散状（物探剖面分析），存在于沉积物颗粒孔隙之间，为含气沉积物（夏真等，2006）。南海北部陆架浅层气埋藏深度约海底以下80～120 m，地震反射特征主要为弱反射或空白反射。空白反射主要特征：①空白带呈高角度、近似垂直的柱状。内部没有反射信号，外部邻近地层反射能量增强，边界呈突变接触关系。空白带位置接近海底，有的在海底形成明显的丘状体或泥火山。②空白带呈不规则形态。空白带内部底界可能含有增强反射层，但整体缺乏反射信号，外部邻近地层反射能量增强，边界可能有明显的速度下拉特征。该类空白带规模较大，在海底可能对应着大型海底圆丘（尚久靖等，2013）。气烟囱外形呈丘状或烟囱状，两个或多个成群分布（图7.10、图7.11）。浅层气与局部的埋藏古河道、水下三角洲等的分布密切相关，还与局部的断裂构造有关，说明气源与陆源碎屑密切相关，海底以下的气体往往沿着断裂形成的通道向上运移至浅部地层。

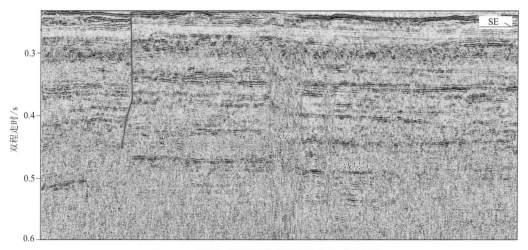

图7.10　南海北部陆架浅层气发育特征图

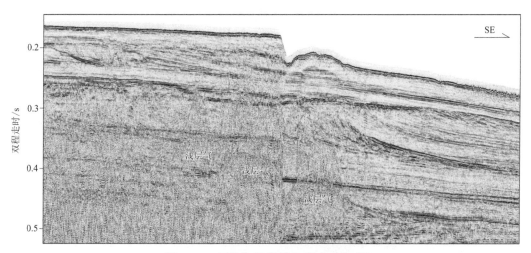

图7.11　南海北部浅层气发育特征图

二、南海西部

南海西部浅层气主要分布在中建南海盆的重云麻坑区，以及中建阶地和中建南斜坡之间的陆坡区，埋藏深度为海底50～100 m以下，气体沿断裂通道，由深部向上运移至浅部地层，外形呈烟囱状，空间上成群或是多个分布。在麻坑区发育大量的浅层气，这些气体主要来源于深部，沿着断层通道向上运移至浅部，外形呈烟囱状成群发育（图7.12、图7.13）。地震反射特征主要为弱反射或空白反射。空白反射特征主要为：①空白带呈高角度、近似垂直的柱状。内部没有反射信号，外部邻近地层反射能量增强，边界呈突变接触关系。空白带位置接近海底，有的在海底形成明显的丘状体或泥火山。②空白带呈不规则形态。空白带内部底界可能含有增强反射层，但整体缺乏反射信号，外部邻近地层反射能量增强，边界可能有明显的速度下拉特征。该类空白带规模较大，在海底可能对应着大型海底圆丘（尚久靖等，2013）。

泥底辟主要分布在中建南斜坡西侧的部分地区。在上陆坡沉积区物源补给充分，快速沉积区由于沉积物质的快速堆积，地层孔隙水没有及时通过压实作用而被排出，容易产生高压的地层，压力高到一定的程度，就会突破上覆地层，形成泥底辟构造。在泥底辟通道上，地层的成层性被破坏，形成向上的牵引现象并最终在海底形成高出海底的泥火山，成为丘状构造（图7.14）。

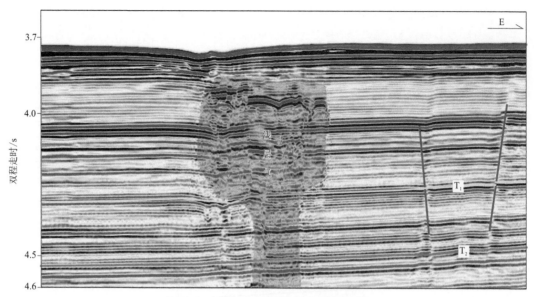

图7.12　南海西部浅层气发育特征图

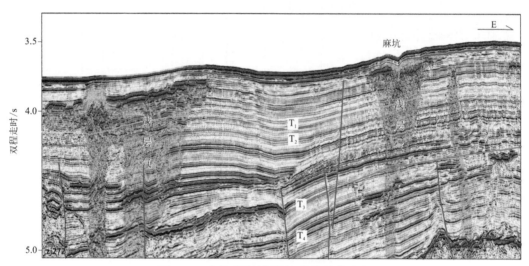

图7.13　南海西部浅层气成片状分布图

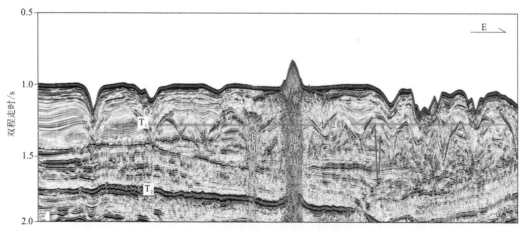

图7.14　南海西部泥底辟构造图

三、南海南部

南海南部浅层气主要集中于巽他陆架西部大纳土纳岛和南部的曾母隆起附近（图7.7）。单道地震显示这两个区域浅层气密集发育，浅层气气道冲断地层，使浅部地层表现出杂乱无序、连续性差的特点（图7.15）。浅层气的大量发育可能与该区的构造和沉积演化过程有关。古新世以来，这两个区域一直处于相对的构造高位，中新世发育大量的碳酸盐，上新世发生区域整体沉降，但相比周缘海区，这两个区沉降速率较小，表现为相对隆升区，是油气的有利聚积区。另外该区第四系厚度较薄，覆盖埋藏条件差，气体大量溢出，使得浅表地层表现为杂乱不连续的特征。

巽他陆架中部地层连续性较好，浅层气气道外壁与周缘地层分界明显，气道内部杂乱反射（图7.16），在空间上多与断层或崩塌滑坡相伴生。巽他陆架中部和外缘的第四系厚度巨大，是第四纪低海平面时期河流携带泥沙快速堆积的结果。在泥沙快速堆积的同时，大量的有机质得以埋藏，成为该区浅层气的主要气源。由于该区属于北巽他河、湄南河输送大量沉积物的堆积区，后期的沉积速率较大，总体埋藏条件较东西两侧好。然而由于堆积速率快，后期差异压实作用诱发大量环绕沉积中心的同沉积断层，断层的活动为气体向上运移提供通道。另外，峡谷在陆架外缘靠近陆架坡折带附近发育，极易发生垮塌和滑坡，浅层气往往顺着发生崩塌滑坡的薄弱地带向上运移。

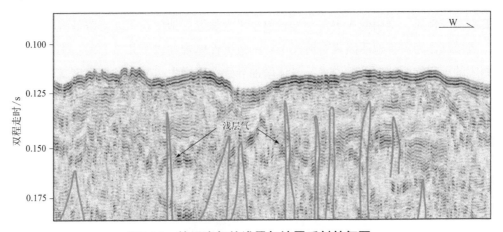

图7.15 曾母隆起的浅层气地震反射特征图

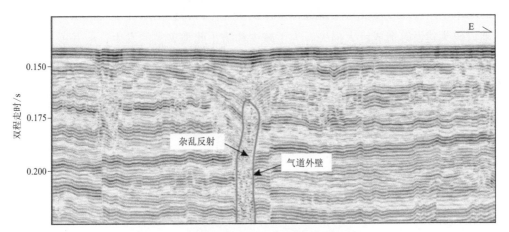

图7.16 南海南部陆架中部发育的浅层气

第四节 浅层气危害性

浅层气在声学上表现为空白区、声学扰动、柱状扰动等。浅层气在地层中常形成含气结构，呈层状、透镜状、气囊状或烟囱状。在浅地层剖面和海底地貌上显示出塌陷或麻坑。高压浅层气在地震剖面上具有明显的振幅变化，同相轴频率变低，地震波极性反转，能量明显增强，速度降低，具振幅随炮检距变化（amplitude versus offset，AVO）异常等特征（李斌等，2009）。

浅层气是海洋油气开发中一种危险的灾害地质类型。在钻井作业中，当钻过气藏盖层时，浅层气会大量迅速逸出，气体在逸出海面持续上升的过程中，会不断降低周围海水的密度，从而引起半潜式海上钻井平台倾覆，造成重大安全生产事故（刘楚桐，2019）。墨西哥湾、北海、爪哇海、阿拉斯加海、波斯湾、加勒比海等水域进行海洋油气资源勘探开发时，由于对浅层气的调查和认识不足，曾造成一定的灾害损失（冯志强等，1996）。1975年墨西哥湾的一座钻井平台钻至海床下300 m浅层高压气囊时，气体喷发引起火灾，平台和一批仪器设备全毁于一旦。1990~2002年，我国在建设杭州湾大桥前期地质勘探过程中，曾多次出现浅层气强烈井喷现象（陈少平等，2004）。国际海岸考察理事会报道在工程地质钻探过程中有22%的井喷是由浅层气造成的（蔡秋荣，2002）。

浅层气具有高压性质，会引起火灾甚至导致整个平台烧毁。地层含气还会降低沉积物的剪切强度，影响钻井工程。浅层气作为灾害地质因素对海洋工程的危害性体现在以下几个方面：①含气沉积抗剪强度和承载能力比相应的沉积物要低。一般说来，气体增加导致孔压增大，同时抗剪强度减小，从而易引起灾害事件的发生。②导致地层承载力的不均匀。不论是浅层沼泽气还是深部石油天然气，其不均匀分布引起含气区内部本身的承载力不同，与周边未发育浅层气区的地层承载力亦不同，造成海洋工程尤其钻井平台桩腿的不均匀沉降，使平台倾斜甚至翻倒，其后果将不堪设想。③气体释放的破坏作用。当钻入载气沉积或由于载重过大引起沉积层崩裂时，会引起气体的突然释放，从而对管道和平台产生破坏作用，特别是高压浅层气释放时甚至会发生燃烧，造成生命及财产损失。

我国海洋浅层气主要分布于陆架区，尤以南海最为典型，如北部湾盆地、莺歌海盆地、琼东南盆地、万安盆地、珠江口盆地、台西南盆地等海区，这些区域都是我国深水油气勘探和开发的远景区。目前我国近海大范围的海域还未开展专项浅层气调查，一旦发生灾害，将会给海洋油气勘探、海底输油管道和通信电缆铺设、港口码头建设等造成巨大损失。为了减少和防止此类灾害的发生，应开展我国近海海底浅层气专项调查。通过调查，查明浅层气分布及其赋存特征，识别出各种形态的浅层气，确定其成因，建立浅层气分布的数据库和信息系统，这对科学避让浅层气及减灾防灾具有重大的现实意义。

第 / 八 / 章

活动断层和地震活动

第一节 活动断层定义

活动断层又称活动断裂，通常是指在最新的地质时期持续活动，并且未来仍将活动的断裂。活动断层术语最早由美国地质学家劳森（Lawson，1908）对1906年旧金山8.3级地震的发震断层圣安德列斯断裂进行研究后提出。美国地质学家伍德（Wood，1916）和威里斯（Willis，1923）先后给出了比较明确的定义：活动断层是在近代或历史时期内新生或有过继承运动和位移，并在不久的将来仍可能再生或继续运动和产生位移的断层。并指出活动断层应具有四个基本要素：①在现今地震构造时期中曾出现过地表位错；②具有在未来复活或重新发生地表位错的可能性和倾向性；③可以从地貌学角度发现其具有近代活动性的证据；④可能伴随有地震活动性。

目前大多数学者将活动断层定义或理解为：晚第四纪以来有过活动的断层，包括晚更新世以来的活动断层或距今12万年以来有过活动并潜藏着未来活动可能性的断层（刘以宣，1994；吴中海，2019）。

南海的活动断层大部分属于原有断层的重新复活（刘以宣，1994），分布具有分带性。南海活动断层按走向分为四组：北东-南西向、近东西向、北西向和北南向。北东-南西向断层主要发育于南海北部、南海南部、海盆和台湾东部海域局部地区。近东西向断层主要发育在南海北部和海盆区。北西向断层主要发育在南海西北部、台湾海峡东部海域以及南海北部陆坡局部地区。南北向断层主要发育在南海西部海域。活动断层具有活动的突发性与断裂时间的不确定性，是导致地质灾害事件发生的重要因素。活动断层面两侧伴有地层的错动和变形，有时还会形成海底陡崖地貌，引起的海底错动往往会直接损害跨断层修建或临近的海洋构筑物。目前对海底活动断层的定量研究与长期地震潜势的概率估计仍处于探索研究阶段，更加行之有效的调查评估和灾害防御手段尚需进一步深入研究。

通过地震剖面和浅地层剖面可以直接判读断层及活动延续时代（图8.1）。通过高分辨率的海底多波束测量、侧扫声呐图像等识别海底地形反差、海山排列方向等，可判断浅活动断层或断裂带的位置。

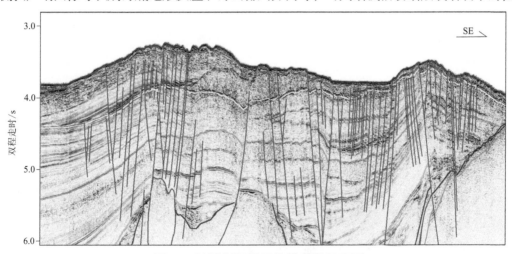

图8.1 地震剖面显示的浅断层示意图

第二节　南海活动断层分布特征

一、南海北部

南海北部有大量活动断层分布，断层主要有北东向、近东西向、北西向三组（图8.2），其中以北东向断层规模和数量较多，其次是北西向规模较小，近东西向断层数量较少。断层绝大部分形成于前第四纪，但第四纪以来仍有活动，也有小部分是由于第四系沉积物不均匀压实作用形成的，是一种具有破坏性的、潜在的地质灾害。统计表明，浅层断层（<30 m）和中层断层（30～100 m）约占总断层数的80%以上，有的断层直接出露海底，而且有一部分是由深层上延到海底，这对海底工程设施有很大的危害性，应引起高度重视。在平面分布上，浅部断裂成群分布在陆架区域，陆坡与海盆区域有零星分布。

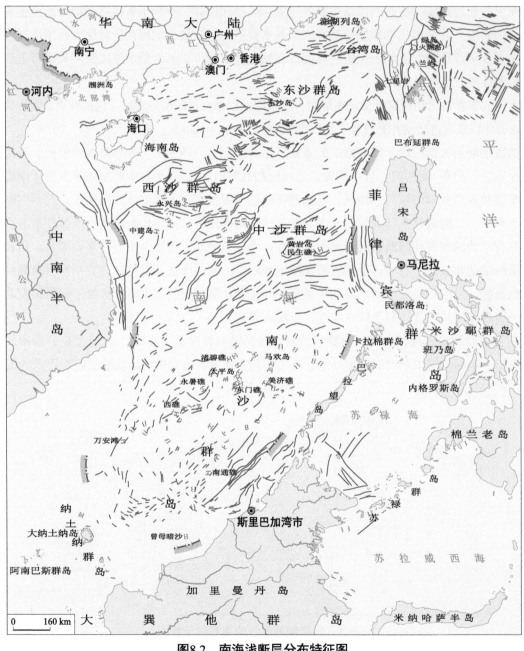

图8.2　南海浅断层分布特征图

南海北部活动断层在空间分布上具有一定的成带性。内陆架主要是中层断层和浅层断层，并以中层断层居多，而且规模较小。外陆架和陆坡区以浅断层为主，并有相当部分直接出露海底。随着水深增大，断层的规模有变大的趋势，这与从岸边到深海第四系厚度逐渐减薄有关。

（一）北东向断层

北东向断裂系统最初形成于中生代晚期，后来在新生代期间继承性活动[①]，总体上具有规模较大、断层数量较多、继承性活动的特点。北东向断层主要分布在台湾浅滩南部及陆坡区的中、下部，断层规模较大，绝大部分断层长度在30~70 km，其中台湾浅滩南缘断层长度可达140 km，倾向南东，最大垂直断距达600 m。另外在香港东南海域也有8条北东向小断层，有的是从基岩断至表层的活动断层。滨海断裂带是该区最为重要的断裂构造，从福建南日岛沿海水深30~50 m等深线向西南延伸至北部湾，成为华南地块正常型陆壳向南海地块北部减薄型陆壳过渡的分界线。滨海断裂带是一条发育在大陆边缘的规模巨大的断裂带，它是华南沿海一条最强的活动断裂带。该带自东北部的台湾海峡和南澎列岛延伸至西南部的北部湾涠洲岛，断裂呈北东-北东东向展布，大致与岸线平行，断裂带宽为3060 km，由若干条互相平行斜列的断层组成（詹文欢等，2004a）。地震剖面上，滨海断裂带断层产状较陡，垂直断距约10 m，水平断距较小，在地震剖面上全新统以下的地层R2~R6共五个地震反射界面均表现明显错断现象（图8.3），说明滨海断裂带一直活动至晚更新世。

陆坡与海盆区域发育的浅部断裂多为北东向展布，数量不多，分布零星。这些断裂规模较小，活动时间晚。断裂产状较陡，垂直断距约10 m，水平断距较小（图8.4），说明该断裂一直活动至晚更新世。

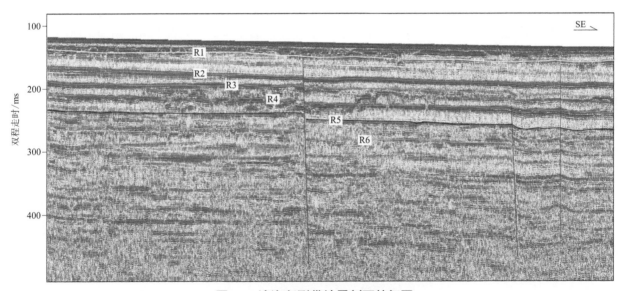

图8.3　滨海断裂带地震剖面特征图

---

① 杨道斐, 李唐根, 王树民, 等. 1995. 广州幅南半幅—海南岛幅1∶100万区域地质矿产说明书. 广州海洋地质调查局.

图8.4　海盆区浅部北东向断裂剖面特征图

（二）北西向断层

北西向断裂主要发育在东沙群岛西南侧和台湾浅滩西南侧，为走滑断裂。这组断裂具以下主要特征：①剖面上表现为典型的正断层，主控断面陡、断距大（图8.5），在一定程度上控制隆凹构造的发育，如台湾浅滩西南侧的北西向的拗陷带和东沙群岛南侧北西西向隆起带的发育，显然是受这组断裂控制；②在平面上表现为多条北西-北西西向断裂呈雁行状排列，整条断裂带延绵约数百千米。断裂带所经过的构造单元被错断，最为明显的标志是澎湖列岛-台湾浅滩-东沙隆起带在台湾浅滩西侧被错断开来，其东段北移（或西段相对南移），估计两者水平断距可达40～50 km，结合各条断裂雁行排列特征，当为左行走滑断裂带。本组断裂的表现形式显然受基底中的大型断裂带活动所控制。

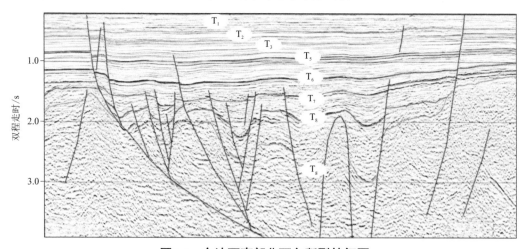

图8.5　东沙西南部北西向断裂特征图

北部湾北西向浅断层主要呈单个出现，其发育位置通常由基底开始，向上切至海底。该组方向断层规模相对较小，断距为20～50 m，其发育位置较浅、活动性较弱、形成时代较新（图8.6、图8.7）。

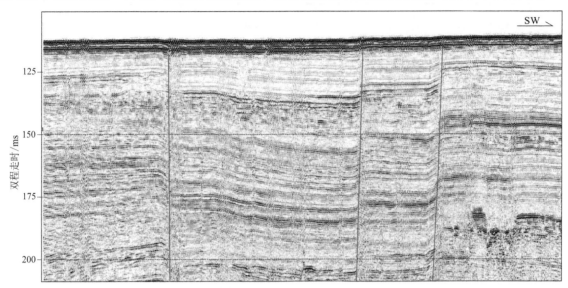

图8.6　北部湾北西向浅断层及岩浆侵入示意图

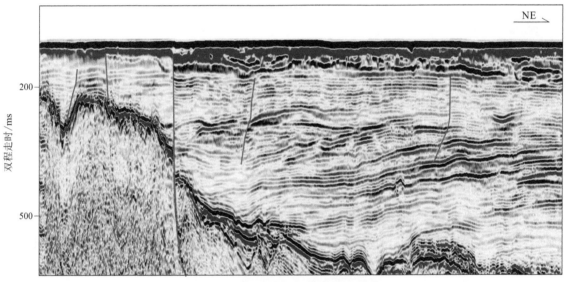

图8.7　北部湾北西向浅断层示意图

（三）近东西向断层

该组断裂规模小，数量也较少，主要分布在南海北部珠江口盆地陆架边缘和上陆坡区，琼州海峡也较发育，北部湾盆地发育较少。另外，在台湾浅滩以南水深500～1500 m的上陆坡区也有数条近东西向断层。

南海北部东沙岛北部水深300～350 m附近发育一组典型的近东西向断层，均为正断层，断面南倾或北倾均有，构成断阶或地垒、地堑式构造，出露海底的有两条，埋深小于30 m的有16条，断裂带同时发育有第四纪火山活动（图8.8）。该断裂带亦是高热流分布带，平均热流值高达90 W/m²（施小斌等，2003），位于断裂带内的ODP184航次1145孔的地温梯度达到90℃/km，以南的1148孔的地温梯度达到83℃/km

（Wang et al.，2000）。

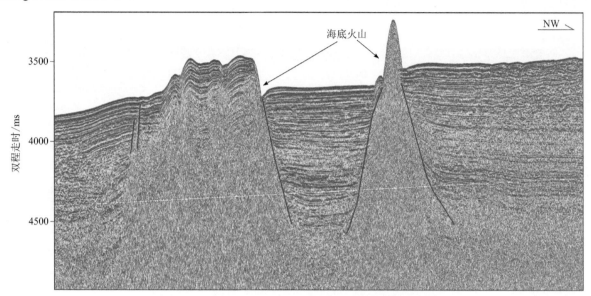

图8.8　南海北部东沙东南部近东西向断裂特征图

二、南海中西部

调查发现南海西部海区活动断层非常发育，规模大小不一，主要发育近南北向、北东–北北东向、北西向及近东西向四组不同方向断层。近南北向和北东–北北东向断层占主导地位，北西向及近东西向断层数量较少，近南北向断层表现为走滑断裂，其他三组都为张扭性正断层。近南北向断层主要发育在海区西侧，为规模巨大的南海西缘走滑断裂带。北东–北北东向断层主要分布在南海中部，其中包括中建南海盆、盆西海岭、西南次海盆、西北次海盆、西沙群岛南侧海域、中沙海域等（图8.2）。

（一）近南北向断层

近南北向南海西缘断裂主要发育在南海西部陆架区，为规模巨大的走滑断裂带，新生代多次活动，具有明显继承性。南海西缘断裂向北可能追踪到莺歌海及以北的红河断裂带，向南至6°N附近，该断裂为基底大断裂，由一系列大致南北走向的断层组成。断层数量不多，平面上延伸长达400～500 km。地震剖面上，该断裂带显示为一组负花状构造（图8.9），东西方向影响宽度仅为10 km，主断层基本位于陆架坡折带位置，主断裂在北部以东倾为主，倾角一般较陡，表明其具有走滑断裂特征。浅层断距不大，深部基底断距较大，不仅控制南海西缘沉积展布，而且还控制了南海西缘坡折带发育。上新世以后，该断裂带右旋走滑一直延续到第四纪，但活动性逐渐减弱（图8.10）。

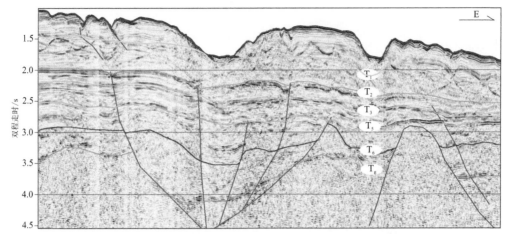

图8.9　南海西缘断裂带内花状构造的地震反射特征图

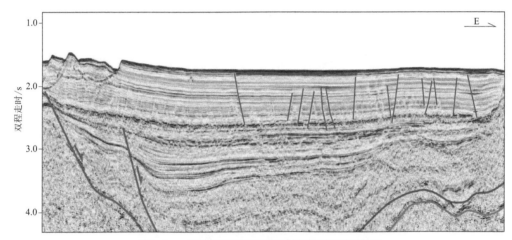

图8.10　南海西部活动断层地震反射特征图

（二）北东-南西向断层

该组断层数量较多，主要发育在南海中部海域、西南次海盆，在东部次海盆主要分布在东北角及东南角礼乐滩及北巴拉望附近。近马尼拉俯冲带的区域，以中央次海盆东北部和东南部最为发育，以张性断层为主，断面比较平直，大都为高角度正断层，倾角约为80°，断层规模大小不一。在中沙海台东南部，断裂由北向南明显表现阶梯状发育特征，发育有多组南倾大断裂，断裂呈陡崖式发育。

地震剖面揭示该方向断层切穿了基底，断裂活动时间较长，从基底一直持续到第四纪。断裂断距大，垂向断距达300～500 m，并沿海山或岩体一侧发育，表明该断裂与火成岩体的形成具有相互制约作用（图8.11）。

广乐隆起东断裂位于海区北部广乐隆起区东侧，呈北东向展布，倾向东，平面上延伸长约200 km，断距大，垂向断距达200～300 m。该断裂活动时间长，从基底一直持续到第四纪（图8.12）。

中沙海台东南部，发育有多组南倾断层，北东向断层由北向南明显表现阶梯状发育特征，断层呈陡崖式发育，断距较大，断层对沉积具有较强控制作用，在海底形成阶梯状陡坎（图8.13）。

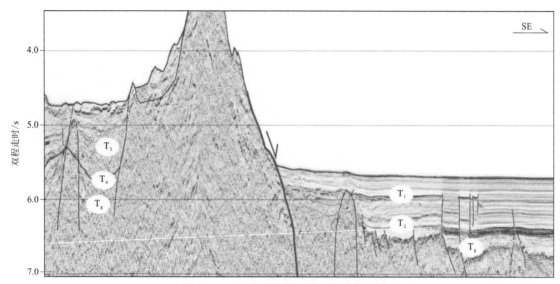

图8.11　北东向断层地震剖面特征图

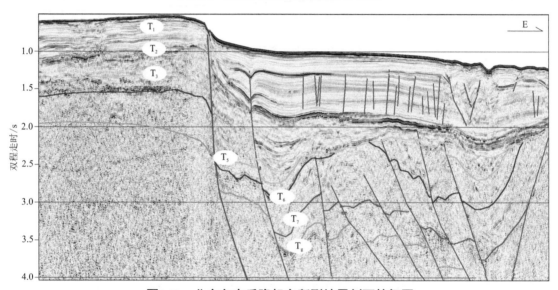

图8.12　北东向广乐隆起东断裂地震剖面特征图

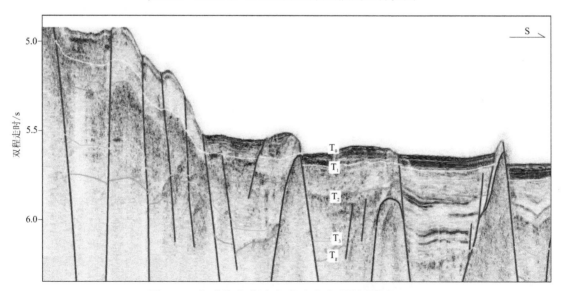

图8.13　中沙海台东南部北东向断层地震剖面图

（三）近东西向断层

近东西向断层主要发育在中沙南盆地附近，浅断层与多边形断层密切相关。断层密集，但断距不大，而且断面陡直，以小幅正断层为主，一般限于一个构造层内（图8.14）。断层尺度较小，一般没有超过主要的构造层，顺层发育，断层密集。该组断层认为是热收缩所致，与岩浆侵入有关。层内的断层包括顺层滑脱的断层，断层可能由于重力失稳所致，也可能受到外界突发的侧向剪切力的作用。层内构造的特点是断距小，影响的范围有限。

在中沙海台南侧发育有东西向断层，倾向向南，为正断层，断层规模较小，平面上延伸长约50 km，控制了中沙海台南侧凹陷的沉积（图8.15）。

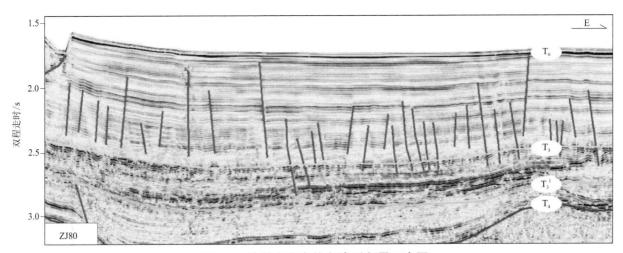

图8.14　地层内发育的多边形断层示意图

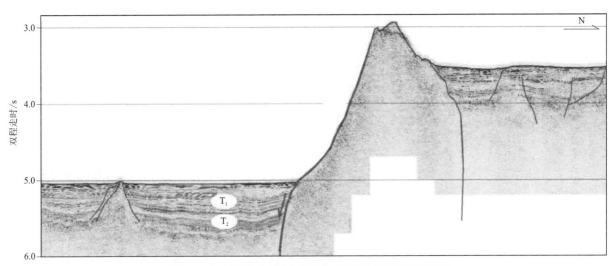

图8.15　中沙海台南侧东西向断层地震剖面特征图

在东部次海盆，近东西向断层主要分布在珍贝–黄岩海山链两侧，为正断层，断层发育数量较多，规模中等，延伸长50～100 km。沿断层有岩浆侵入，地层受到向上挤压而拱起，很快岩浆冷却凝固成岩，其上覆地层呈隆起状态。岩浆在随后的冷却中不断收缩，造成上覆地层的塌陷，形成塌陷断层。塌陷断层在剖面上是密集断层，倾角大，近于笔直的陡倾状（图8.16）。

海盆区有大量浅活动断层分布，断层绝大部分形成于前第四纪，但第四纪以来仍有活动（图8.17），也有小部分是由于第四系沉积物不均匀压实作用形成的，是一种具有破坏性的、潜在的地质灾害。在这些断层中，浅层断层（小于30 m）和中层断层（30～100 m）约占总断层数的80%以上，有的断层直接出露海底，而且有一部分是由深层上延到海底，这对海底工程设施有很大的危害性，应引起高度重视。

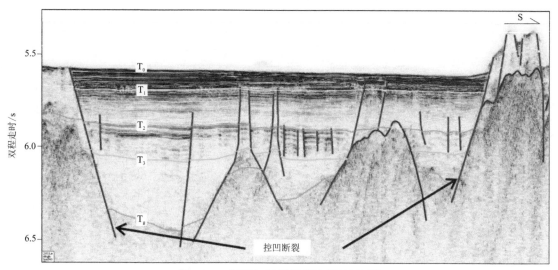

图8.16　东西向断层地震剖面特征图

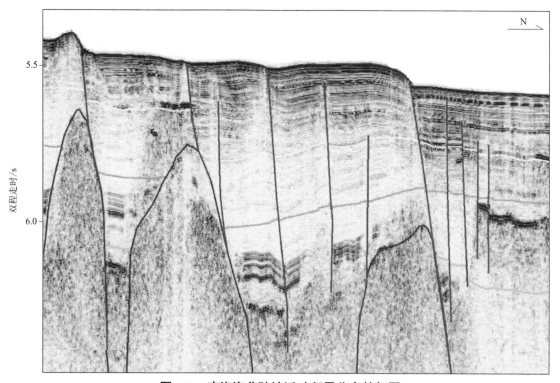

图8.17　南海海盆陆坡活动断层分布特征图

（四）北西-南东向断层

北西-南东向断层发育数量少，规模中等，平面上延伸长60～100 km，主要沿盆西海底峡谷方向发育，为正断层。该组方向断层控制了海谷的发育，对沉积作用控制强（图8.18）。在西南次海盆扩张脊附近，也发育北西-南东向断层，为转换断层或平移断层。总体上该组断裂发育时间晚，主要发育于新近纪。

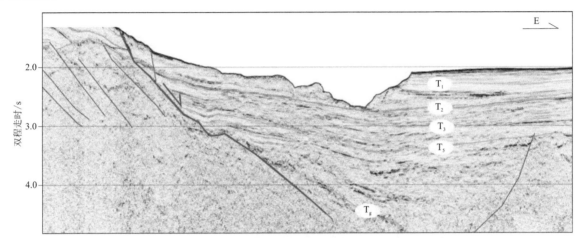

图8.18　北西-南东向盆西海底峡谷断裂地震剖面特征图

三、南海南部

（一）北东-南西向断层

北东-南西向断层主要分布在北康海盆、南薇西盆地和南沙海槽盆地，断层规模大小不等。延伸长度一般为30～200 km，以走滑正断层为主。北东-南西向断层是最主要的断层，约占区内活动断层和浅断层总数的60%。特别是海山海丘区，断层几乎呈雁行排列，具有长期的活动性，多分布在大型海山两侧和断陷沟谷的边缘，其长度一般在50～300 km，垂直断距为400～700 m，水平断距为500～3000 m，在海底地貌上表现为陡坎和陡崖。

北康-安渡滩海域的断层为北东-南西向，这些断层控制了安渡海山、海康海丘、北安海丘、康西海丘西缘陡坡带和北康海盆东缘陡坡带的发育。该区次级断层往往与峡谷冲沟发育有关。万安海台区和南薇滩周缘区的断裂以正断层为主，主要控制了海台的边缘陡坡带。海盆区的断层往往与岩浆侵入和海山形成有关。

除早期的继承性断层外，南海南部还新发育了大量断层，对盆地的局部构造控制作用明显。晚中新世-第四纪断层主要发育在南海西缘东-万安断裂带以东地区。在中、南部地区受岩浆喷发活动的影响，部分火成岩体边缘或附近的断层仍继续活动。巴拉望海槽周围海域，受中南巴拉望冲断断裂影响，北东-南西向断层成带展布，延伸长，地震剖面揭示在礼乐滩海区见有多处张裂型断堑（图8.19），它们主要由第四纪断裂控制，断堑内部发育有生长断层，控制着沉积物的发育。晚期断层活动时间为晚中新世—第四纪，断层活动较为强烈，多数断层为前期形成的继承性断层，同生性质明显，控制了T_0～T_3地层沉积。

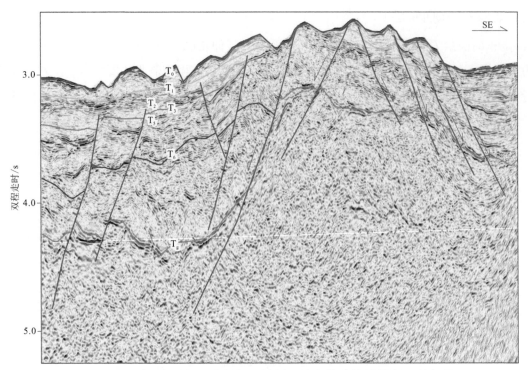

图8.19 北东-南西向活动断层及地堑、地垒构造的地震剖面特征图

（二）北西-南东向断层

北西-南东向断层主要发育在西南海盆区，皆为正断层。受美济礁断裂带影响，在西南部陆架区发育北西-南东向断层，整体呈北西走向，倾向北东（图8.20）。

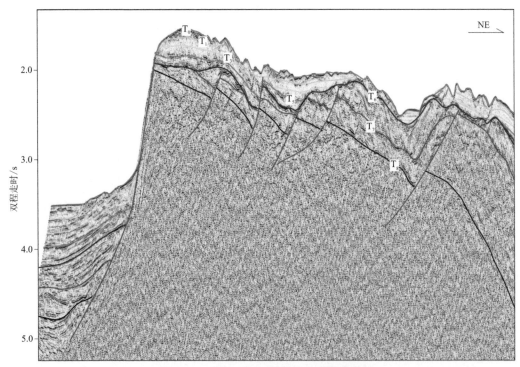

图8.20 北西-南东向断层地震剖面图

地震剖面显示北西-南东向断层发育堑垒构造和一系列高角度正断层为主，整体具有明显的走滑运动

性质。美济礁走滑断裂带在地震剖面的深部有主干断层发育，其顶部向侧旁发散张开的正断层形成的一系列堑垒构造。结合区域地质构造背景和地震资料解释的研究成果，认为该断裂带为负花状构造，其正花状构造发育在28.4 Ma角度不整合之下。不整合之下的沉积层受断层控制向北倾斜，发育大量正断层，不整合之上沉积了近水平的沉积层，且沉积层内断层几乎不发育。

曾母盆地和北康海盆交界处发育北西向断层，其规模和活动强度较大，常作为盆地一、二级构造单元的边界，对盆地的总体构造格局起控制作用，一般延伸长度为30～180 km，垂直断距几百米至3800 m。该组断层主要活动时期为晚渐新世—中中新世，对T_3～T_5地层的沉积具有明显的控制作用，断层活动一般止于上新世，少数活动至第四纪。

四、台湾东部海域

（一）近南北向断层

近南北向断层主要发育在台湾岛东部海域，包括三条规模巨大的断裂带，即北吕宋海槽西缘逆冲断裂、加瓜脊东缘断裂带和北吕宋岛弧东缘逆冲断裂。断裂带平面上延伸长约100～300 km，为主要地质单元的边缘基底大断裂。

北吕宋海槽西缘逆冲断裂：呈近南北向沿北吕宋海槽西缘展布，向北延伸过程中向东偏移至花东海脊东缘，延伸长度约为330 km。北吕宋海槽西缘逆冲断裂南段（21°N以南）包括一系列高陡逆冲断层，恒春海脊与北吕宋海槽相向位移，断层逆冲一方面造成北吕宋海槽西缘地层向东掀斜，另一方面导致断层上盘的北吕宋海槽西缘T_3以下地层发生明显褶皱变形（图8.21）。北吕宋海槽向北延伸收窄为台东海槽，分隔花东海脊和吕宋岛弧，狭窄的台东海槽下伏北吕宋海槽西缘逆冲断裂北段（21°N以北）。结合横切北吕宋海槽西缘逆冲断裂北段的多道地震剖面与层析成像速度模型，McIntosh等（2005）推测北吕宋海槽西缘逆冲断裂北段逆冲至弧前基底之上，弧前基底顶部的密集地震也证明此处发生断裂作用。

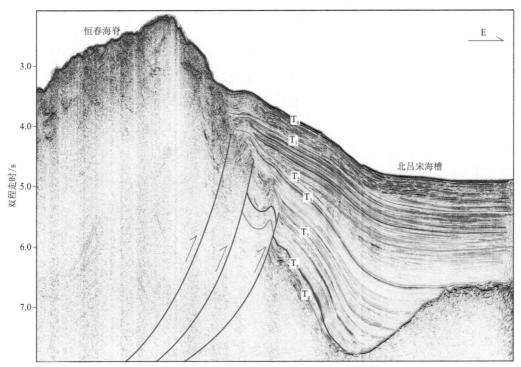

图8.21　北吕宋海槽西缘逆冲断裂地震剖面特征图

加瓜脊东缘断裂带：呈近南北向沿加瓜脊东侧展布，延伸长约300 km、宽约10 km，由一系列东倾正断层组成，构成西菲律宾海盆西缘边界断裂。加瓜脊东缘断裂带两侧地形及构造特征差异明显（图8.22），其西侧为高耸的加瓜脊及花东海盆，其东侧为西菲律宾海盆，地震剖面显示两者相差1~2 s。靠加瓜脊东缘断裂带的西菲律宾海盆西缘地层发育完整，T_0~T_g界面近水平，未显示强烈变形。相对而言，夹持于断裂带内部的地层向东缓倾，可能受到岩浆作用影响。加瓜脊东缘断裂带分支断层倾角为60°~70°，平面展布呈雁列式展布，表明加瓜脊构造演化可能具有走滑运动特征。

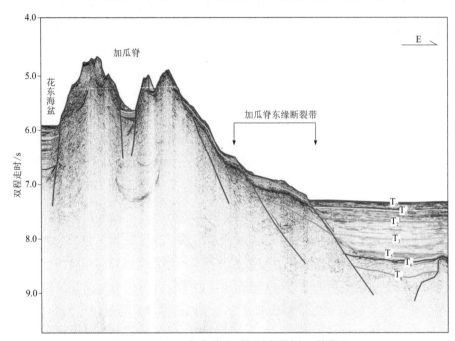

图8.22　加瓜脊东缘断裂带地震剖面特征图

北吕宋岛弧东缘逆冲断裂：呈近南北向展布于北吕宋岛弧与花东海盆之间（22.5°N以北），延伸长度约120 km。地震剖面显示北吕宋岛弧东缘逆冲断裂断面高陡，断裂带通过部位发育挤压变形，褶皱宽度约5 km，指示北吕宋岛弧与花东海盆之间的相向位移。北吕宋岛弧东缘逆冲断裂东侧花东海盆基底向东掀斜，上覆地层向东缓倾，台东峡谷西侧的浅部地层沿滑脱层向东发生重力滑动。滑坡与断层关系较为密切，基本上有滑坡发育的部位都可见到断层，尤其是大断裂周围均发育一定规模的滑坡（图8.23）。

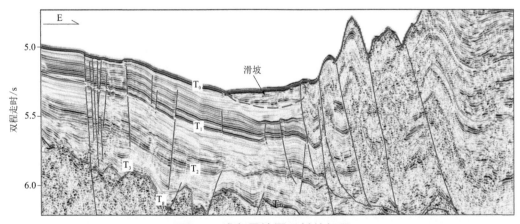

图8.23　浅断层地震反射特征图

（二）近东西向断层

琉球逆冲断裂：大致沿琉球海沟发育，平面上延伸长约520 km。琉球逆冲断裂为琉球褶皱冲断带的前锋断层，多道地震剖面显示其断面浅部高陡，向深部延伸应归并至琉球褶皱冲断带底板滑脱断层，断层南北两侧构造变形差异明显。琉球逆冲断裂南侧是花东海盆和西菲律宾海盆，发育近水平沉积地层，地震波组清晰、连续，显示其未发生强烈变形。相对而言，琉球逆冲断裂北侧为琉球褶皱冲断带，其内部发育密集陡立断层，且各断层夹持紧闭褶皱，褶皱两翼地层较陡，平面上近平行展布的强烈的褶皱和断裂变形表明琉球逆冲断层的发育受到强烈挤压作用。

耶雅玛断裂：发育于琉球褶皱冲断带中段，延伸长度约为200 km，呈近东西向展布于琉球逆冲断裂北侧。耶雅玛断裂带发育部位呈明显正地形，多道地震资料显示其深部发育正花状构造，其北侧的东南澳盆地南部卷入耶雅玛断裂带，变形北倾掀斜。正花状构造包括多条分支断层，各断层向上分叉、撒开，构成上宽下窄的貌似"花朵"的破裂带（图8.24）。

（三）北东向断层

吕宋-冲绳断裂带：主要指贯穿西菲律宾海盆西北部的断裂带。该断裂带由规模大小不一的张扭性断层组成，其中较长的延伸超过150 km，较短的延伸约40 km，造成西菲律宾海盆西北部明显的负地形线性条带，整体延伸约420 km。吕宋-冲绳断裂明显切割两侧近垂直展布的条带状岩体，这些岩体临近断层部位表现为受到明显拖曳，标志吕宋-冲绳断裂具有走滑运动特征。多道地震剖面显示吕宋-冲绳断裂带切割部位深部发育明显的负花状构造，宽5～10 km（图8.25）。负花状构造的主断层断距大，向深部近垂直插入基底，显示基底卷入型特征，多条分支断层向浅部分叉，断距较小。吕宋-冲绳断裂带的主断层通常临靠两侧岩体发育，表明其与岩体发育具有相互制约作用。北东向浅断层密集分布，大部分切割到海底，在海底形成多个陡坎（图8.26）。

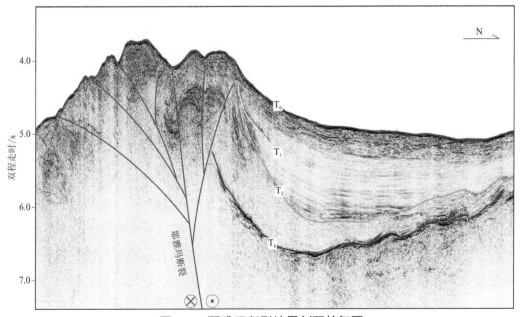

图8.24　耶雅玛断裂地震剖面特征图

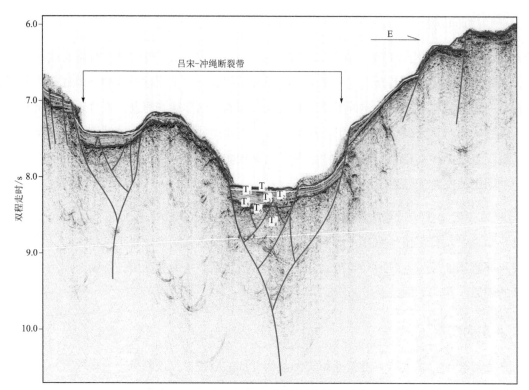

图8.25 吕宋-冲绳断裂带地震剖面特征图

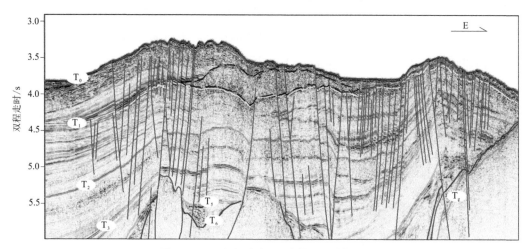

图8.26 北东向浅断层地震剖面特征图

（四）北西向断层

马尼拉逆冲断裂：沿马尼拉海沟发育，呈北西向贯穿图幅西南部，平面上延伸长90～110 km。马尼拉逆冲断裂为马尼拉褶皱冲断带的前锋断层，断层样式为铲式逆断层，断面从浅部延伸至深部逐渐变缓（图8.27），归并至马尼拉褶皱冲断带底板滑脱断层，结合横切北吕宋海槽西缘逆冲断裂北段的层析成像速度模型与多道地震剖面，McIntosh等（2005）估算恒春半岛以西俯冲滑脱层位于5 km/s速度等值线之上。马尼拉逆冲断层上盘发育褶皱，平面上表现为近平行展布的强烈的褶皱和断裂变形，表明马尼拉逆冲断层的发育受到挤压应力作用。

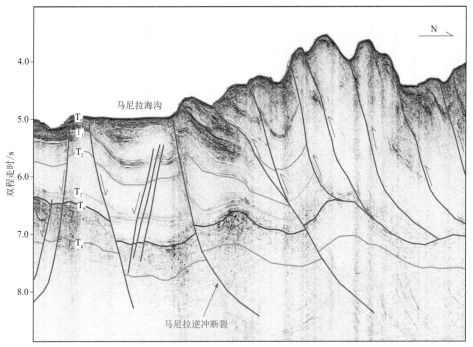

图8.27 马尼拉逆冲断裂地震剖面特征图

花东海盆西南缘断裂：呈北西向沿花东海盆西南缘展布，延伸长度约为170 km，倾向北东，倾角为70°～80°，为切穿基底的大型张性断裂（图8.28）。花东海盆西南缘断裂两侧地形及构造特征差异明显，其西南侧为地形高地吕宋岛弧，东北侧为花东海盆，多道地震剖面显示两者相差1～2 s。花东海盆西南缘地层发育完整，T_0～T_g界面近水平，未显示强烈变形，表明花东海盆西南缘断裂早期对沉积控制作用强，晚期继承性发育，对沉积控制较弱。相对而言，吕宋岛弧与花东海盆西南缘断裂之间地层变形倾向北东的单斜构造，表明花东海盆西南缘边界断裂的发育与吕宋岛弧岩浆作用密切相关。

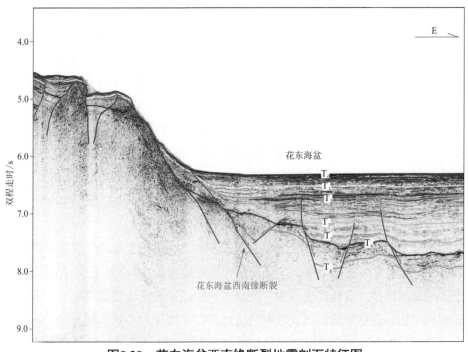

图8.28 花东海盆西南缘断裂地震剖面特征图

受北西-南东向断裂影响，北西-南东向浅断层规模较大，成组出现，其发育位置通常由基底开始，向上切至海底（图8.29），部分在海底形成小陡坎，表面断层活动性较强，形成时代较新。

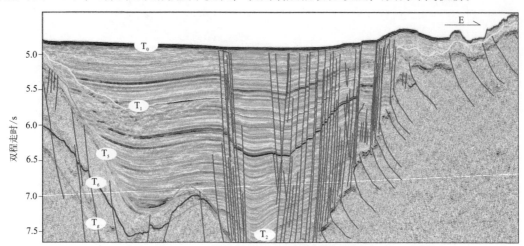

图8.29 北西向浅断层地震反射特征图

第三节 地 震 活 动

活动断层控制着构造活动，影响地壳稳定性和区域性的地震活动，例如滨海断裂带是一条经历多期次活动的强活动断裂带，它控制着台湾海峡的地震活动和构造活动，也控制着台湾海峡的形成和演化。活动断裂与现代地质灾害，特别是地震活动等有着密切的联系。活动断裂引起1976年的唐山大地震，震级达到里氏7.8级，地震瞬间夺走了24万余人的生命（江娃利，2006）；而1995年发生的6.9级日本阪神地震则与Nojima断层的活动有关（Awata et al.，1995）。海底断裂构造带发生的地震往往会引起海啸的发生，这些地震海啸会造成了巨大的人员伤亡和财产损失，如2004年印度尼西亚苏门答腊岛西北部邻近海区发生的8.7级海底地震引发了巨大海啸，造成了近25万人的死亡（Harinarayana and Hirata，2005）；2006年12月台湾南部的屏东县恒春镇外海发生的7级左右的海底地震除了造成数十名的人员伤亡外，还造成多条海底通信光缆受损，包括中国大陆、美洲地区、东南亚的对外通信以及数据网络全部都受到严重影响。

活动断层是常见的海洋地质灾害之一，对海洋勘探平台的稳定性具有重要影响。当石油钻探遇到活动断层时，因外力作用导致断层上下盘发生错动，造成斜井或钻杆折断（杨文达等，2011）。南海大部分活动断层发育于第四纪之前，但是受到区域构造背景影响，部分断层第四纪以来仍有活动（夏真等，1999；程世秀等，2012；王霄飞等，2014）。

环太平洋地震带是全球地震最活跃的带，80%的地震和75%地震能量的释放集中在这条带上；其次是欧亚地震带，约15%的地震发生在这条带上。我国地处欧亚板块的东南部，受环太平洋地震带和欧亚地震带的影响，是个多地震的国家。占地球表面积三分之二的海洋是天然地震观测的空白区，这与海底地震观测的重要性形成鲜明对比。全球地震活动最活跃的区域则位于海洋与大陆交界处的俯冲带，洋底的许多地质现象和动力学过程，如洋中脊的岩浆活动、转换断层的错动和热液活动等都伴随着地震的发生。

一、南海北部

（一）地震活动性

地震是新构造运动表现之一，菲律宾海板块与欧亚大陆板块的相互碰撞-聚合作用造成南海北部断裂构造十分发育，地震活动也较活跃。南海北部陆缘的断裂控制了绝大多数五级以下地震的分布空间和位置（王霄飞等，2014）（图8.30）。研究表明，南海北部海区$M \geqslant 5.0$地震活动主要分布滨海断裂带区域（魏柏林等，2000；黄卿团和郑韶鹏，2006；韩竹军等，2011）。

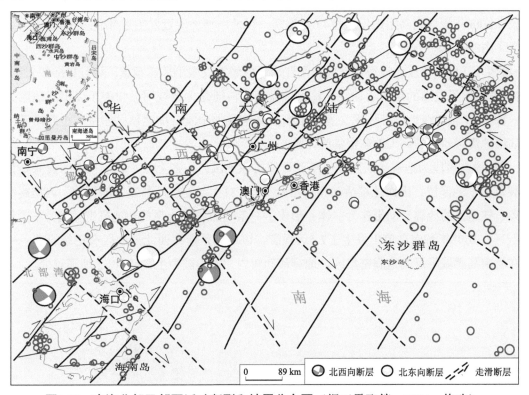

图8.30　南海北部及邻区活动断裂和地震分布图（据王霄飞等，2014，修改）

1. 滨海断裂带

滨海断裂带是南海北部陆缘的另一条重要活动构造带。该断裂带对南海北部陆缘的地震活动具有显著的控制作用。南海北部陆缘地震带从东部泉州外海至西部北部湾，东西横跨超过1000 km，空间分布范围较广（图8.31）。该地震带内不同区域的地震活动性有明显差别。对该区地震活动特征分析后发现，沿滨海断裂带自东向西可划分为闽南-粤东沿海地震活跃区、珠江口地震微弱活动区、粤西阳江地震活动区和雷琼地震活跃区四个不同的区域。

（1）闽南-粤东沿海段：该段为地震活动区，断裂带特征为主断裂面呈陡倾板状发育，断层倾角达70°～80°，内部破碎带小断裂较发育，断距较少。主断裂对沉积控制作用强，断裂垂直断距随着地层由新到老逐渐增大。主断裂西北侧为陆架台地，沉积物厚度薄，约100 m厚；进入主断裂东南侧沉积物陡增变得巨厚，厚度达700～1000 m，沉积中心靠近断裂侧发育，沉积物由沉积中心向海侧隆起区呈层状超覆发育（图8.31）。闽南-粤东沿海地处欧亚板块与菲律宾海板块汇聚带变形前缘的后侧，该区先后发生1600年南澳7.0级地震、1604年泉州外海8级地震、1918年南澎7.5级地震和1994年台湾浅滩7.3级地震共计四次7.0级以上地震，占整个南海北部陆缘地震带7.0级以上强震的绝大部分。该区无疑是南海北部陆缘地震带内活动性最强的区域。不仅如此，该区中小微震活动频发，并在东山岛-南澳岛-南澎列岛附近以及台湾浅滩附近区域密集成簇（图8.31），形成"泉州-汕头地震带"（陈玉仁等，1983；张虎男和陈伟光，1983；张虎男等，1983），其中以东山岛-南澳岛-南澎岛附近海域分布最为密集，福建沿海次之。震源机制的解释表明该区沿滨海断裂带的中强震活动以走滑型为主。

（2）珠江口段：该段为地震微弱活动区，是南海北部陆缘地震带地震活动最弱的区域，不但历史上没有$M>6$级地震活动的记录，而且小震活动也较稀疏。历史地震统计显示，除东部1911年红海湾6.0地震、西部澳门1905年5.5级地震外，区内仅有1874年的5.75级地震。广东省地震台网的记录也表明，珠江口附近海域仅在2006年担杆列岛附近发生过4.0级地震，以及白沥岛附近发生过4级左右的地震，为区内近年来最大震级（图8.31）。

（3）粤西阳江段：该段为地震活动区，阳江附近区域不仅中小地震频繁，而且1969年7月26日曾发生6.4级地震，表现出了较强的地震活动性。该区最显著的特征是，地震明显集中于以阳江地区为中心的较小范围内。除1969年6.4级大震外该区又发生了多次$M>5.0$的余震，加之该区密集的小震活动，使其成为南海北部陆缘地震带西部的一个地震密集区（图8.31）。

（4）雷琼段：该段为地震活跃区，位于西端的雷琼地区，构造上处于北东东向的滨海断裂带与北西向红河断裂带交汇的部位，因而地震活动相对活跃（图8.31）。受红河断裂带的影响，该地震活动区与北西方向的粤、桂地区的地震活动带连为一体，形成了一条宽约200 km粤桂琼地震带，成为华南地区的又一个地震活跃区。1605年海南岛琼山发生了7.5级强震，该地震是南海西北部地区有记录的唯一一次$M>7.0$级地震。在海南岛感城附近的地震密集区，地震活动较弱，以小震为主，4级以上地震较少。

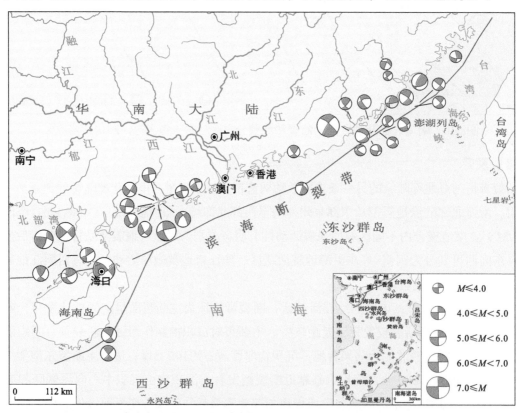

图8.31　沿滨海断裂带的走滑型地震活动图（据孙金龙等，2012，修改）

（二）发震机制

通过对沿滨海断裂带的地震活动性分析可以看出，小震密集区和$M \geq 6.0$的大震、强震活动是地震活跃区的一个重要特征。该区的大、强震与中小地震有着不同的孕震、发震特征。前者仅在地震活跃区内偶发，且主要沿滨海断裂带分布，表明滨海断裂带具有重要的控制作用；后者在地震活跃区内广泛存在，在局部地区密集成簇，表明局部断裂活动起主要控制作用（图8.31）。

综合滨海断裂带的发震特征和断裂带两侧的块体运动特征可以发现，滨海断裂带以走滑型地震为主的发震特征意味着滨海断裂带的走滑特性，而周边块体的地壳运动速度场则表明滨海断裂带具有右旋挤压特征。这表明，处在华南块体与南海块体之间的滨海断裂带，受东侧菲律宾海板块与欧亚板块的北西向汇聚挤压，以及西侧印藏碰撞导致的印支地块沿红河断裂带的剪切走滑作用下，表现为具有右旋挤压剪切性质的块体边界。滨海断裂带与北西向断裂交汇部位历史上曾发生三次7.0级以上强烈地震[最大震级7.5级（泉州海外）]以及多次6～6.5级强震，现今弱震十分活跃。该断裂带是福州地区及福建沿海最主要地震构造。

分析南海北部陆缘的构造特征可以发现，滨海断裂带是该区应变能传递的一个通道。横穿南海北部陆缘的海陆深地震联合探测剖面研究发现，滨海断裂带在剖面上表现为低速破碎带特征。结合滨海断裂带的深大断裂和构造单元分界带的属性特征，以及在南澎列岛、担杆列岛上发育的剪切破裂带（赵明辉等，2004，2006；夏少红等，2008），可以认为滨海断裂带是华南地块与其南侧块体之间的走滑剪切带，是该区应变能传递的主要通道。

另一方面，对华南陆域和海陆过渡带的地壳结构研究表明有壳内低速层的存在。壳内低速层是壳内的弱化层，具有应力均衡调节作用。因此，南海北部陆缘地震带内的滨海断裂带与壳内低速层一起，成为南海北部陆缘的应力传递、均衡通道。随着应变能的不断积累，在滨海断裂带（低速破碎带）与北西向断裂系交汇的薄弱部位，应变能得以大规模快速释放，形成大震、强震。正因如此，滨海断裂带控制了南海北部主要大震、强震，并且发震机制为走滑型断层错动模式。

二、南海中南部地区

南海中央海盆至1989年共记录到4级地震以上地震24次，最大一次发生在1965年10月7日双子群礁北面深海，为5.75级。另外，越南东南陆架区近年来的地震活动较多，2005～2011年七年间共计发生4级以上地震10次，最大震级5.3级，并且震源深度多以10 km的浅源地震为主（图8.32）。

南海南部的地震活动相对较为平静，1900年以来没有3级以上的地震记录，但周缘的沙巴地区的地震活动比较强烈。沙巴西北部地区自1900年以来累计发生3级以上地震24次，最大震级6.1级，平均震级4.9级，震源深度最浅7.25 km，最深79.4 km，平均震源深度27.2 km。南沙地区地震活动相对平静，天然地震很少，仅在北康暗沙-南沙海槽交界处发生过一次6级以上天然地震。该地震位于一条走向北东，倾向北西，长度约为173 km的1级走滑断裂带上，断层属性为正断层，断面断距约1100 m。此外，在南沙海槽中部还发生过几次6级以下地震。

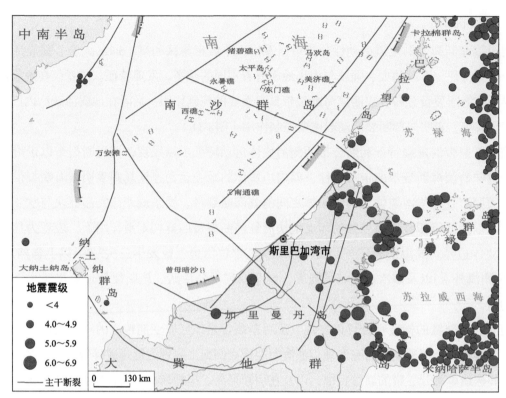

图8.32　1900年以来南海南部海域及其邻区的震中分布图（地震资料据美国地质调查局）

三、台湾岛以东海域

台湾岛处于欧亚板块与西菲律宾海板块的结合部位，两板块之间的碰撞、撕裂、挤压导致该区域为天然地震活跃带。通过系统收集台湾岛及周边区域的天然地震震中资料（数据来源：incorporated research institution for seismology，IRIS），由此绘制震中位置平面分布图（图8.33），并抽取了分别位于琉球俯冲带（剖面A、B、C）、台湾弧陆碰撞带（剖面D、E、F）和马尼拉俯冲带（剖面G、H、I）的九条剖面，以期更直观地认识俯冲、碰撞等强烈构造活动造成的地质灾害。

（一）琉球俯冲带

琉球俯冲带的震中位置展示了典型的"贝尼奥夫带"特征，天然地震剖面A、B、C显示，随着板片俯冲深度的增加，震中深度亦随之加深。俯冲角度先缓后陡，俯冲深度一般可达250 km以上。另外在琉球弧后盆地下方50 km以浅范围内还出现地震密集带（图8.34）。

（二）台湾弧陆碰撞带

台湾弧陆碰撞带范围内由北往南显示出不同的特征。

穿过台湾岛北部的剖面D显示，台湾岛西侧下方分布有地震带，震源深度一般小于25 km。

台湾岛和菲律宾海盆交界处下方有一个规模巨大的地震密集带，震源深度从浅表一直延伸至100 km附近，反映了欧亚板块与菲律宾海板块碰撞的特征，花东海盆下方亦有地震密集带出现，且显示出菲律宾海板块向西俯冲的特征，该地震密集带从海底延伸至50 km深处[图8.35(a)]。

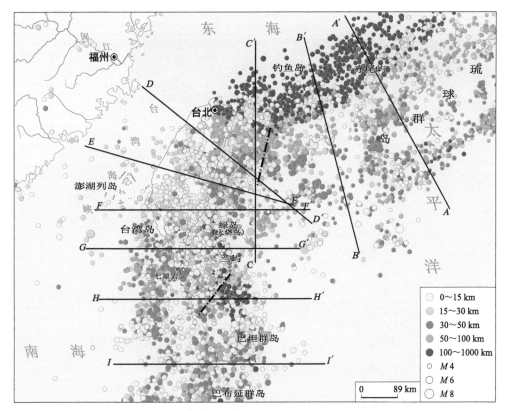

图8.33 台湾岛及周边天然地震震中分布及剖面位置平面图

穿过台湾岛中部剖面E显示，台湾海峡和台湾岛下方出现欧亚板块向东俯冲的特征，俯冲深度在50 km以上，台湾岛和菲律宾海盆交界处下方有一个规模巨大的地震密集带，震源深度从浅表一直延伸至80 km附近[图8.35(b)]。

穿过台湾岛南部剖面F显示，台湾海峡和台湾岛西部下方表现出欧亚板块向东俯冲的特征，俯冲深度达到100 km附近，台湾岛和菲律宾海盆交界处下方有一个规模较大的地震密集带，震源深度从浅表一直延伸至50 km附近[图8.35(c)]。

以上三条震源深度剖面具有以下特征：由北往南，欧亚板块向东俯冲特征逐渐明显，菲律宾海板块向西俯冲逐渐消失，在海陆交界处下方均出现大规模地震密集带。这些特征反映了在台湾弧陆碰撞带范围内，俯冲活动和碰撞活动并存。

（三）马尼拉俯冲带

马尼拉俯冲带是台湾弧陆碰撞带向南的延续，剖面G穿过台湾岛南端的恒春半岛，欧亚板块向东俯冲特征明显，俯冲深度达150 km以上，海陆交界处下方的大规模地震密集带仍有显示（图8.36）。

剖面H位于21°N，自西向东穿过马尼拉海沟、马尼拉增生楔、吕宋海槽和吕宋岛弧，到达花东海盆。该剖面仍显示了欧亚板块向东俯冲的特征，但地震密集度明显降低，吕宋海槽下方50 km以浅出现一个规模较小的地震密集带（图8.36）。

剖面I位于20°N附近，自西向东穿过马尼拉海沟、马尼拉增生楔、吕宋海槽和吕宋岛弧，到达西菲律宾海盆。该剖面并未明显表现出欧亚板块向东俯冲的特征，仅在马尼拉海沟、吕宋海槽下方100 km以浅出现数个地震密集带。另外，在吕宋岛弧下方150 km附近出现了西菲律宾海板块向西俯冲的特征，该特征延伸至200 km附近（图8.36）。

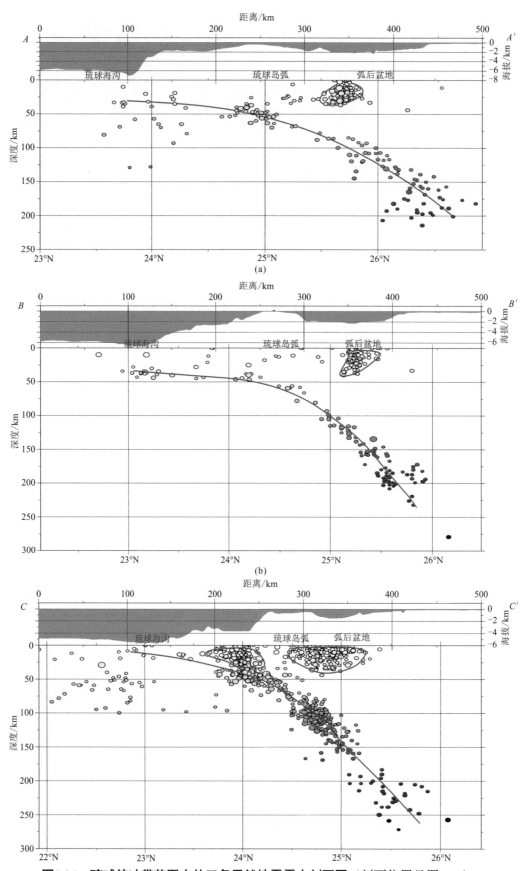

图8.34 琉球俯冲带范围内的三条天然地震震中剖面图（剖面位置见图8.33）

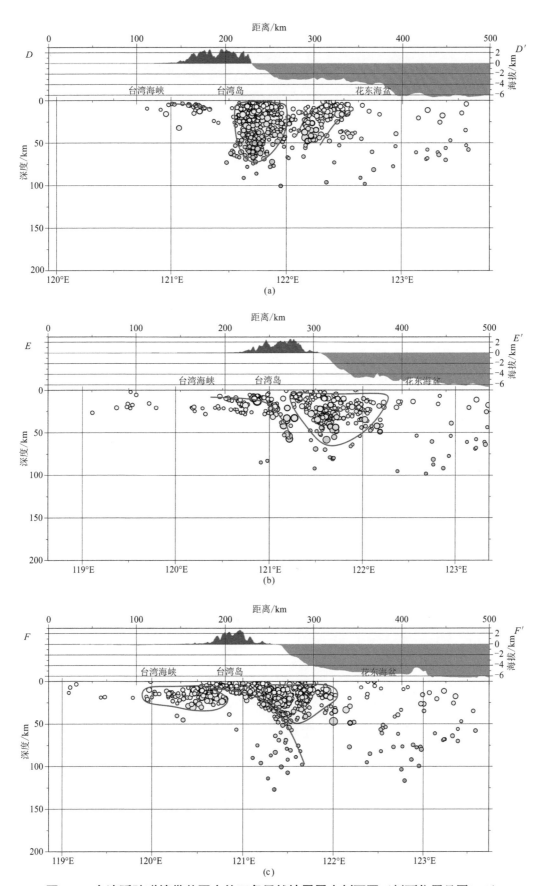

图8.35　台湾弧陆碰撞带范围内的三条天然地震震中剖面图（剖面位置见图8.33）

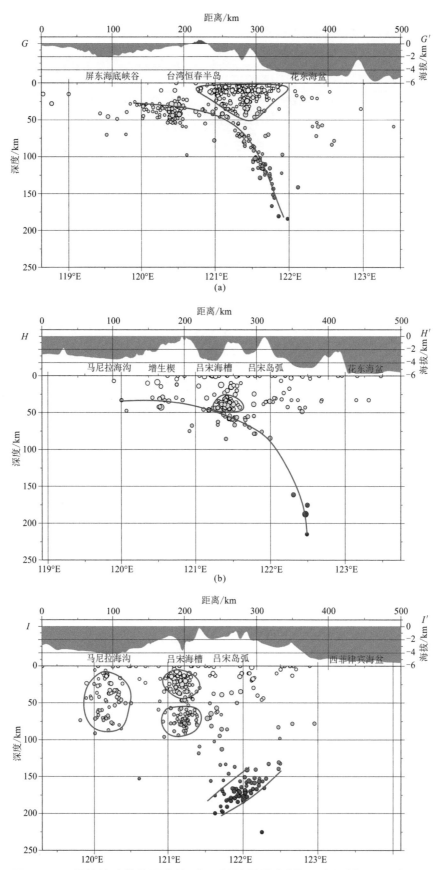

图8.36 马尼拉俯冲带范围内的3条天然地震震中剖面（剖面位置见图8.33）

地质灾害区划、监测及防治

第一节 地质灾害区划

目前，国内外对灾害评估的研究已取得了很大进展，但由于灾害涉及的类型与具体内容广泛，并需要多学科间的综合研究，灾害评估的研究尚待进一步充实和完善。目前大部分地质灾害评估理论和方法所研究的对象是崩塌、滑坡、泥石流等。为了方便海洋综合管理、开发规划，以及为海洋工程建设提供理论基础和科学依据，需要对南海海洋地质灾害进行区划划分和评估。

灾害地质区是指一个连续的区域内，具有相同或相似的灾害地质类型组合，并可以做出相同或相似的地质灾害风险（危险性）评价（刘锡清等，2006；叶银灿等，2011）。一个灾害地质区内，可以根据灾害地质环境的差异划分出若干亚区或次亚区。

地质灾害易发区主要依据地质环境条件，充分考虑地质灾害的发生频次，参考地质灾害现状和人类工程活动划定，通常分为高易发区、中易发区、低易发区和不易发区四个等级（余丰华等，2015）。前人对南海及周边的地质灾害分区进行了探索性的工作（刘守全等，2000；刘锡清等，2006；杜军等，2008；叶银灿等，2011）。目前对于海洋地质灾害的目标评价原则尚未有统一的认识，同时致灾因子的权重没有统一的标准，只是建立在专家的认识上，没有定量和随意性大，此外，评价指标仅限于单一的地质灾害因素，未能充分考虑内外动力综合因素的影响（刘守全等，2000；杜军等，2004；郭炳火等，2004；李培英等，2007；杜军等，2008）。

刘守全等（2000）将南海分四个灾害地质区：海岸带灾害地质区、大陆架灾害地质区、大陆（岛）坡灾害地质区、中央海盆灾害地质区，然后根据灾害地质发育的次一级特征地域名称，划分若干亚区（表9.1，图9.1）。

海岸带灾害地质区，主要指我国华南海岸，包括台湾省南部、广东省、海南省和广西壮族自治区海岸。该区主要海洋灾害地质类型有海岸侵蚀、海水入侵，其次还有影响海底和陆地的地震和活动断层等。我国华南地区潜在危险较大的灾害地质类型是地震和海岸侵蚀。台湾南部、广东湛江、阳江、海南海口地区地震烈度为Ⅶ～Ⅷ级。华南沿岸也是热带气旋和台风登陆最频繁地区，主要灾害地质类型仅1949～1988年就达158个，平均每年四个。台风入境将引起风暴潮，引起强烈的海岸侵蚀，特别是广东汕头、汕尾、海南海口等都是海岸侵蚀严重地区。

大陆架灾害地质区，在南海大陆架主要发育在北部和南部，宽度达300～400 km，水深在200 m以内，坡度一般小于0°04′。该区灾害地质环境最为复杂，陆地入海河流携带大量物质堆积在近岸和内陆架地区，海洋水文气象状况对海底影响很大，动力地貌过程十分活跃。大陆架主要灾害地质类型有快速沉积（水下三角洲）、各种活动沙体（沙坡、潮流沙脊等）、冲刷槽、各种埋藏地貌（古河道等）、浅层高压气囊、活动断层、地震、滑坡等。大陆架灾害地质区灾害地质类型多，成灾机制复杂，诱发因子多，同时这一地区是目前近海油气开发、管线铺设最主要地区，灾害地质潜在危险性较大。根据潜在地质灾害的特点，又划分三个亚区，即粤台陆架灾害地质亚区、琼桂陆架灾害地质亚区和曾母陆架灾害地质亚区。

大陆坡（岛坡）灾害地质区，大陆坡是大陆壳和大洋壳之间过渡地带，构造活动强烈，地形坡度大，起伏大，水深为200～3500 m，坡度可从2°～3°至7°～8°，甚至达10°以上。该区主要灾害地质类型是滑坡、浊流、活动断层、地震，其次是海底峡谷、陡坎、海山、生物礁等障碍性因素。该区可以分为三个亚区，即北部陆坡灾害地质亚区、西部与南部陆坡灾害地质亚区、东部岛坡灾害地质亚区。

中央海盆灾害地质区，海盆水深3500～4200 m处分布于深海平原，地形平坦。平原上耸立着两列海山，西南部线状海山呈北东向排列，是南海第一次扩张轴的遗迹。海盆中央海山呈东西向排列，是第二次扩张轴遗迹。在海盆边缘分布着一些深海扇。目前对中央海盆海底动力地质资料掌握较少，对灾害地质类型及危险性也难以做具体评价。

表9.1　南海灾害地质分区表（据刘守全等，2000）

区	亚区	范围	主要灾害地质类型	灾害地质环境特征	潜在危险性
海岸带灾害地质	华南海岸灾害地质亚区	台湾南部、广东、广西、海南海岸	海岸侵蚀、海水入侵、地震	热带气旋登陆多，风暴潮引起海岸侵蚀强烈。地震烈度在Ⅶ～Ⅷ级。个别三角洲地区有低地，存在海水入侵条件	该区主要潜在危险是海岸侵蚀和地震
陆架灾害地质区	粤台陆架灾害地质亚区	广东与台湾西南岸外陆架	水下三角洲、海底沙丘、古河道、滑坡、活动断层、地震	珠江口外发育水下三角洲；外陆架、台湾滩活动沙丘、沙波发育；陆架外缘坡度大，滑坡带；近岸和陆架外缘有活动断层地震带。热带气旋多，动力地貌活动性强	内陆架海底稳定性差，快速沉积、古河道、活动断层对钻井平台都有较大潜在危险性。外陆架海底稳定性较好，但活动沙波、滑坡等对海底工程有较大潜在危险
	琼桂陆架灾害地质亚区	北部湾、琼州海峡及海南岛周围陆架	高压浅层气、潮流沙脊、活动断层、地震、古河道	该区莺歌海盆地、琼东南盆地浅层气囊发育，海底出现麻坑微地貌、海峡及琼西南潮流沙脊十分发育。雷琼地区有晚更新世火山	浅层气囊是该区主要潜在危险，其次是古河道和潮流沙脊对海底工程也存在潜在危险
	曾母陆架灾害地质亚区	曾母暗沙海域及曾母盆地海域	古河道、生物礁	陆架上古河道十分发育，还发育一些生物礁	主要存在古河道、生物礁等障碍性灾害地质因素
陆岛坡灾害地质区	北部陆坡灾害地质亚区	台西南陆坡至西沙海槽	滑坡、浊流、陡坡、海山、地震、活动断层	地形坡度大、海底峡谷、深海扇发育	滑坡、浊流、活动断层是主要潜在危险，海底稳定性差
	西部与南部陆坡灾害地质亚区	西沙、中沙、南沙海域及中南半岛陆坡	滑坡、浊流、生物礁体、活动断层	地形呈阶梯状，多海台、海槽	滑坡浊流是主要危险
	东部岛坡灾害地质亚区	台湾、吕宋岸外岛坡	滑坡、浊流、地震、火山	地处西太平洋俯冲带，地震、火山强烈，地形崎岖，海底峡谷发育	灾害类型多，以滑坡、地震为主，海底稳定性极差
中央海盆灾害地质区		海盆底部	海山、海丘、浊流	深海平原深3500～4200 m，十分平坦，边缘有浊积扇，盆地中央多海山	除海山等障碍性因素，盆缘有浊流外，其他状况了解较少

图9.1　南海地质灾害因素分区图（据刘守全等，2000，修改）

Ⅰ.海岸带灾害地质区：Ⅰ₁.华南海岸带灾害地质亚区；Ⅱ.大陆架灾害地质区：Ⅱ₁.粤台陆架灾害地质亚区；Ⅱ₂.桂琼陆架灾害地质亚区；Ⅱ₃.曾母陆架灾害地质亚区；Ⅲ.大陆坡（岛坡）灾害地质区：Ⅲ₁.北部陆坡灾害地质亚区；Ⅲ₂.西部与南部陆坡灾害地质亚区；Ⅲ₃.东部岛坡灾害地质亚区；Ⅳ.中央海盆灾害地质区

　　叶银灿等（2011）根据大型构造地貌界线作为一级灾害地质分区的界线，将我国海域划分为四个灾害地质区：海岸带灾害地质区、陆架灾害地质区、陆坡（岛坡）灾害地质区、海盆灾害地质区（表9.2）。

表9.2　南海灾害地质区划及风险评估表（据叶银灿等，2011，修改）

区	亚区	范围	灾害地质环境特征	地质灾害危险性
海岸带灾害地质区	华南海岸带灾害地质亚区	广东、广西海岸带	以基岩海岸、砂砾质海岸为主，岸线曲折，岛屿密布。珠江三角洲地区地势低平，海面上升可引起大片低地受淹、海水入侵，使风暴潮灾害更为严重	较高风险区
	海南岛海岸带灾害地质亚区	海南岛四周海岸带	以基岩海岸、砂砾质海岸为主。风暴潮灾害频发，海岸侵蚀较为严重	较低风险区
	台湾海岸带灾害地质亚区	台湾岛四周海岸带	处于西太平洋地震带，东岸以基岩海岸为主，西岸以淤泥质、砂质海岸为主。风暴潮灾害严重，地震活动强烈，活动断裂发育	高风险区
陆架灾害地质区	台湾海峡灾害地质亚区	北界为福建海坛岛至台湾福贵角连线，南界为福建东山岛至台湾鹅銮鼻连线	海峡北窄南宽，海底起伏不平，丘、洼相间，其南部陆坡被多条水下峡谷切割，西南是台湾浅滩。活动断层、沙波、冲刷槽发育，海峡中、南部地震活动频繁	较高风险区
	南海北部陆架灾害地质亚区	广东岸外陆架	珠江口外发育水下三角洲，陆架宽阔平坦，自西北向东南缓缓倾斜，其上发育水下阶地。热带气旋和暴雨频繁，含气沉积、古河道、活动性沙波等灾害地质发育	较低风险区
	桂琼陆架灾害地质亚区	北部湾、琼州海峡及海南南部岸外陆架	北部湾为一半封闭的浅水海湾，其东部经琼州海峡与东部的大陆架相通。高压浅层气囊、潮流沙脊、古河道等灾害地质发育	较低风险区
陆坡（岛坡）灾害地质区	南海南部陆架灾害地质亚区	巽他陆架及加里曼丹岛西北部陆架	陆架地形宽阔、平坦，发育三级水下阶地，广泛分布古河道、生物岩礁等。古河道、生物岩礁等灾害地质较为发育	低风险区
	南海北部陆坡灾害地质亚区	台湾西南延伸至西沙海槽以北陆坡	从南海北部陆架外缘约200 m水深起至3000 m水深，海底坡度陡，地形起伏变化大，下部陆坡较上部陆坡地形更为陡峭。东沙群岛以东陆坡延至台湾浅滩南部，水深逐渐变浅。陆坡上发育海底峡谷、陡坎、海山、海丘等	较高风险区
	南海西南部陆坡灾害地质亚区	西沙、中沙、南沙海域及中南半岛陆坡	西部陆坡上部比较平缓，而下部陆坡呈北西向延伸的陡坡带，沟谷相间，地形复杂；南部和西南部陆坡广阔，切割强烈。活动断层、滑坡、浊流等灾害地质发育	较高风险区
	南海东部岛坡灾害地质亚区	台湾、吕宋岛岸外岛坡	地处西太平洋俯冲带，岛坡狭窄且陡峻，南北向展布，地形崎岖，变化复杂。地震与火山活动频繁，海底峡谷、滑坡等灾害地质发育，海底稳定性极差	高风险区
	台湾以东陆坡灾害地质亚区	台湾东部岸外陆坡	地处于西太平洋地震带，西邻的台湾东部岸外陆架十分狭窄，地形陡峭变化复杂。地震活动频繁，海底峡谷、滑坡等灾害地质发育	高风险区
海盆灾害地质区	南海深海盆灾害地质亚区	南海深海盆底部	位于南海中部海域，广阔平坦，呈北西-南东向展布，四周被陆坡和岛坡围绕，由北向南微微倾斜。浊流、海山等灾害地质发育	较低风险区

　　海岸带灾害地质区包括我国大陆以及台湾岛周边海岸带，其范围自海岸线向陆延伸至10 km左右的区域，向海延伸至约20 m等深线的水域，包含河口、海湾和沿海岛屿海域，地形、地貌变化复杂。该区的灾害地质类型复杂多样，构造活动和重力（斜坡）作用成因的灾害地质类型均有发育，特别是海岸（海洋）动力作用和人为成因的灾害地质类型分布广泛。广东、福建、海南、广西等地的风暴潮灾害最为严重。该区地质灾害风险较低至高，多数风险较高。

陆架灾害地质区包括渤、黄、东、南海大陆架，邻接海岸带灾害地质区，地形平坦，水深小于200 m。南海则分为南海北部、桂琼和南海南部陆架三个灾害地质亚区。主要灾害地质类型有潮流沙脊、活动性沙波、含气沉积、泥火山、泥底辟、易液化砂层、麻坑、古河道、古三角洲、活动断层、地震等。该区是目前近海油气工程、海底电缆管道工程建设最为频繁的地区。该区地质灾害风险多数较低。

陆坡（岛坡）灾害地质区包括东海陆坡、南海陆坡、台湾以东陆坡和南海东部岛坡，地形坡度大，地形地貌变化复杂，水深为200～3500 m。其中，南海海域按所处的地理位置及灾害地质环境的差异分出三个灾害地质亚区，即南海北部陆坡、南海西南部陆坡、南海东部岛坡灾害地质亚区。该区构造活动强烈，构造活动和重力（斜坡）作用成因的灾害地质类型十分发育，主要灾害地质类型有地震、火山活动、活动断层、浊流、滑坡等。此外，该区还分布有海底峡谷、陡坎、生物岩礁、高压气囊等灾害地质类型。其中南海陆坡已成为我国深水油气勘探开发的重点地区。该区地质灾害风险多数较高。

叶银灿等（2011）根据灾害致灾因子和孕灾环境角度出发（风险大小是相对而言的，并不具有绝对的含义，且未考虑广义的风险评价中易损性分析、期望损失分析等因素），定性地将中国海域的地质灾害风险（危险性）划分为四级，即高、较高、较低、低。南海及邻域灾害地质亚区的地质灾害风险分级如下：

高风险区三个，即台湾海岸带、南海东部岛坡、台湾以东陆坡灾害地质亚区。

较高风险区四个，即华南海岸带、台湾海峡、南海北部陆坡、南海西部-南部陆坡灾害地质亚区。

较低风险区四个，即海南岛海岸带、南海北部陆架、桂琼陆架、南海深海盆灾害地质亚区。

低风险区一个，即南海南部陆架灾害地质亚区。

第二节　地质灾害因素监测及防治

一、加强地质灾害监测

目前我国海域尚未全面开展近海海底地质灾害专项地质调查，如通过调查，查明地质灾害类别、分布状况、成因，建立潜在地质灾害数据库和信息系统。加强南海地质灾害因素监测，尤其是地震和海啸防灾救灾监测研究。监测预警系统需要在技术领域和管理上进行重点建设，通过技术手段对地质灾害进行判断，并把相关的地质灾害数据及处理信息结果进行反馈。

加强地质灾害因素的监测，可建立地质防灾减灾的天空地海立体监测网络体系，由中低空的遥感测绘平台、航天测绘卫星、航拍飞机、无人机、陆地监测车、手持终端、地面通信基站、海上监测船、海上监测浮标、无人船、无人潜艇等，共同构成的一体化信息化监测网络体系（刘凌峰等，2014；王丽琳等，2016）。

目前对海底地质灾害的研究局限于事后，海底地质灾害难以直接观测，要大力发展海底地质灾害原位实时监测技术，借助高科技地球物理等调查设备，依据海底地形和构造等特征加以分析和预测，要加强规划、积累经验、实现动态监测、实时反馈。例如在海南岛建立了海南地震数字遥测台网，对发生在海南岛附近的地震能迅速测定它的参数，及时做出反应。随着技术的发展，今后可安装多个深海海底地震仪组成监测系统。建设海啸预警系统，要开展海底地震预测、地震海啸产生机理和形成条件的研究，比如海底地震的位置、类型、震级、震源深度等与海啸的关系，海啸波的传播方向和速度，远洋海啸的数值模拟等（陈运平等，2006）。

对活动沙波进行监测，可以设计搭载平台，使平台能随沙波的迁移而上下运动。利用水深压力计所测水压变化反映搭载平台的高程变化，相邻的水压最值所记录的时间间隔即为沙波迁移一个波长所需的时间；旋转式沉积物剖面成像仪测量地形得出沙波波长，然后计算出沙波迁移的速率；再根据长期的监测数据，建立全面的资料数据库，通过综合分析更好地监测和预测海底沙波的迁移（单红仙等，2017；沈泽中等，2017）。

人类在自然界中生活的过程，就是同各种自然灾害（包括海洋地质灾害）做斗争的过程。我们要争取主动战胜海洋地质灾害，就得对各种海洋地质灾害的发生、发展和变化进行系统的分析与研究，找出规律，然后做出科学的预报，及时采取预防措施，提高抗灾能力，减轻灾害造成的损失。

二、开展地质灾害的防治

南海地质灾害类型多，成因复杂，相关部门应当加强地质灾害调查，对地质灾害发生频率较高区域的进行综合研究，为地质灾害的准确预测提供资料支撑，同时应当依据地质灾害实际特点实行等级划分，选择有效措施对地质灾害进行有效防范，从而为地质工作的进一步开展提供有效依据。在海洋开发建设之前，应详细了解灾害地质因素的各种风险并进行评估，对安全性进行评价，可有效防止在工程建设中地质灾害的出现。

加强地质灾害预警系统的建设，在地质灾害多发区建立灾害预警系统，包括地质灾害数据库管理和预警技术，利用先进的海底监测技术，对灾害及时发现，及时预报，有效降低灾害引起的破坏性。例如断层的活动是事件型的，海洋施工过程中要预防较强的断层活动。此外可以通过采集更高分辨率的地球物理数据来识别更精细的地层结构，深入研究断层的活动过程（王俊勤等，2018）。

随着声学探测设备、三维地震勘探设备的广泛应用和取样技术的发展，研究人员积累了大量地球物理数据和样品资料。建立海底地质灾害数据库，有利于综合分析并避免重复勘测。建立地质灾害应急处理机制，有利于在发生灾害之后及时处理相关工作，使得救援的人力物力和其他资源得到有效结合，完善应急预案的技术体系，加强网络信息建设和应急设备的更新和技术创新。

三、开展防灾减灾国际的合作

为建立完善的海洋灾害应急管理工作体制，习近平主席曾在国际会议上多次强调防灾减灾国际合作的重要性，大力提倡"促进减灾国际合作、降低自然灾害风险、构建人类命运共同体"。建设一个强有力的国家海洋灾害防御体系，需要多个部门联合起来，应急管理部与生态环境部应协同自然资源部，在充分利用海洋防灾减灾管理部门提供的准确详细信息的基础上，联合多个相关国家部门在风险评估和防控中发挥各自的功能和作用，综合全社会、各学科、各领域的利益诉求，及时全面地应对海洋灾害。

国际海啸预警系统于1965年成立，目前由太平洋海啸预警中心和包括中国在内的25个国家构成。太平洋海啸预警中心是国际海啸预警系统的运行中心。我们要通过国际性的协作组织，加强和建立联合的海啸预警和警报系统。海洋不是孤立存在的，全球海洋及海流系统是一个整体。我国应当借鉴国外的先进经验，引领海洋防灾减灾国际合作，不断深入国际交流与合作，积极构建海洋命运共同体，逐渐完善海洋防灾减灾国际合作机制，加强海洋防灾减灾国际合作法律制度建设，促进海洋观测预报、灾害救助信息共享等方面的国际合作（马英杰和姚嘉瑞，2019）。

参 考 文 献

白玉川, 杨细根, 田琦, 等. 2009. 南海北部海域海底沙波演化特征. 水利学报, 40(8): 940-955.

拜阳, 宋海斌, 关永贤, 等. 2014. 利用反射地震和多波束资料研究南海西北部麻坑的结构特征与成因. 地球物理学报, 57(7): 2208-2222.

鲍才旺, 姜玉坤. 1999. 中国近海海底潜在地质灾害类型及其特征. 热带海洋, 18(3): 24-31.

蔡秋荣. 2002. 海底浅层气——灾害还是资源? 海洋地质, 3: 77-80.

曹超, 蔡锋, 郑勇玲, 等. 2019. 福建省近海海底麻坑的地貌特征及其与海洋工程的联动效应. 海洋开发与管理, 10: 52-54.

曹立华, 徐继尚, 李广雪, 等. 2006. 海南岛西部岸外沙波的高分辨率形态特征. 海洋地质与第四纪地质, 26(4): 15-22.

陈东景, 李培英, 刘乐军, 等. 2009. 海底地质灾害对社会经济发展影响的理论分析与普适性对策. 海洋开发与管理, 26(9): 64-71.

陈东景, 李培英, 刘乐军, 等. 2010. 海底地质灾害对社会经济发展影响的特点与趋势. 海洋开发与管理, 27(6): 80-84.

陈泓君, 黄磊, 彭学超, 等. 2012a. 南海西北陆坡天然气水合物调查区滑坡带特征及成因探讨. 热带海洋学报, 31(5): 18-25.

陈泓君, 蔡观强, 罗伟东, 等. 2012b. 南海北部陆坡神狐海域峡谷地貌形态特征与成因. 海洋地质与第四纪地质, 32(5): 19-26.

陈泓君, 詹文欢, 温明明, 等. 2015. 南海西北部琼东南盆地陆架坡折带类型及沉积作用特征. 海洋地质前沿, 31(8): 1-9.

陈江欣, 关永贤, 宋海斌, 等. 2015. 麻坑、泥火山在南海北部与西部陆缘的分布特征和地质意义. 地球物理学报, 58(3): 918-938.

陈俊仁. 1996. 南海珠江口盆地地质灾害因素分析. 热带海洋, 15(1): 9-16.

陈丽蓉, 兰宏亮, 钟正雄. 2009. 大型海上风电场地质灾害危险性评估技术方法探讨. 上海地质, 109(2): 44-49.

陈林, 宋海斌. 2005. 海底天然气渗漏的地球物理特征及识别方法. 地球物理学进展, 20(4): 1067-1073.

陈鸣. 1995. 陆丰13-1平台场地海底稳定性分析与评价. 热带海洋学报, 14(2): 40-46.

陈少平, 孙家振, 沈传波, 等. 2004. 杭州湾地区浅层气成藏条件分析. 海洋地质与第四纪地质, 24(2): 85-88.

陈玉仁, 丁祥焕, 王耀东. 1983. 泉州–汕头地震带地震地质的特征. 华南地震, 3(1): 1-9.

陈运平, 沈繁銮, 陈定. 2006. 海南省南海地震监测和海啸预警服务. 华南地质, 26(1): 61-66.

陈自生. 1988. 海底滑坡问题的初义//滑坡文集(第六集). 北京: 中国铁道出版社.

程世秀, 李三忠, 索艳慧, 等. 2012. 南海北部新生代盆地群构造特征及其成因. 海洋地质与第四纪地质, 32(6): 78-93.

崔振昂, 夏真, 林进清, 等. 2017. 南海北部全新世环境演变及人类活动影响研究, 北京: 海洋出版社.

邸鹏飞, 黄华谷, 黄保家, 等. 2012. 莺歌海盆地海底麻坑的形成与泥底辟发育和流体活动的关系. 热带海洋学报, 31(5): 26-36.

丁巍伟, 李家彪, 李军, 等. 2013. 南海珠江口外海底峡谷形成的控制因素及过程. 热带海洋学报, 32(6): 63-72.

杜军, 李培英, 刘乐军. 2004. 东海油气资源区海底稳定性评价研究. 海洋科学进展, 22(4): 480-485.

杜军, 李培英, 魏巍, 等. 2008. 中国海岸带灾害地质稳定性区划. 自然灾害学报, 17(4): 1-6.

杜晓琴, 李炎, 高抒. 2008. 台湾浅滩大型沙波、潮流结构和推移质输运特征. 海洋学报, 30(5): 124-136.

冯文科, 黎维峰. 1994. 南海北部海底沙波地貌动态研究. 海洋学报, 16(6): 92-99.

冯文科, 夏真, 李小荣. 1993. 南海北部海底沙波稳定性研究. 南海地质研究, 5: 26-41.

冯文科, 石要红, 陈玲辉. 1994. 南海北部外陆架和上陆坡海底滑坡稳定性研究. 海洋地质与第四纪地质, 14(2): 81-94.

冯志强, 冯文科, 薛万俊, 等. 1996. 南海北部地质灾害及海底工程地质条件评价. 南京: 河海大学出版社: 82-119.

付超, 于兴河, 何玉林, 等. 2018. 南海北部神狐海域峡谷层序结构差异与控制因素. 现代地质, 32(4): 807-818.

高红芳, 聂鑫, 罗伟东. 2021. 海盆沉积"源–汇"系统分析: 南海北部珠江海谷–西北次海盆第四纪深水浊积扇. 海洋地质与第四纪地质, 41(2): 1-12.

关永贤, 罗敏, 陈琳莹, 等. 2014. 南海西部海底巨型麻坑活动性示踪研究. 地球化学, 43(6): 628-639.

关永贤, 杨胜雄, 宋海斌, 等. 2016. 南海西南部深水水道的多波束地形与多道反射地震研究. 地球物理学报, 59(11): 4153-4161.

郭炳火, 黄振宗, 李培英, 等. 2004. 中国近海及邻近海域海洋环境. 北京: 海洋出版社.

郭立, 马小川, 阎军. 2017. 北部湾东南海域海底沙波发育分布特征及控制因素. 海洋地质与第四纪地质, 37(1): 66-76.

韩喜彬, 李家彪, 龙江平, 等. 2010. 我国海底峡谷研究进展. 海洋地质动态, 26(2): 41-48.

韩竹军, 周本刚, 安艳芬. 2011. 华南地区弥散地震活动的评价方法与结果. 震灾防御技术, 6(4): 343-357.

何旭涛, 张秀峰, 舒琪, 等. 2020. 海底麻坑内外土体物理力学特性差异研究. 海洋科学, 44(2): 131-137.

黄卿团, 郑韶鹏. 2006. 福建东南沿海及邻区活动断裂的微地貌研究. 地球物理学进展, 21(4): 1099-1107.

江娃利. 2006. 有关1976年唐山地震发震断层的讨论. 地震地质, 28(2): 312-315.

金庆焕. 1989. 南海地质与油气资源. 北京: 地质出版社.

寇养琦. 1993a. 南海北部卫滩区浅断层的特征. 中国海上油气(地质), 7(2): 13-19.

寇养琦. 1993b. 南海北部大陆边缘海底滑坡的初步研究. 南海地质研究, (5):14.

李斌, 杨文达, 李培廉. 2009. 利用三维地震资料评估深水井位工程地质灾害. 海洋地质与第四纪地质, 9(1): 121-127.

李凡. 1990. 南海西部灾害性地质研究. 海洋科学集刊, 31: 43-64.

李凡. 张秀荣. 唐宝珏. 1998. 黄海埋藏古河道及灾害地质图集. 济南: 济南出版社.

李近元, 范奉鑫. 2010. 海南东方岸外海底沙波运移及浅地层结构分析研究. 青岛: 中国科学院海洋研究所.

李晶, 张志殉, 张维冈, 等. 2011. 南黄海浅部埋藏古地貌的特征分布及其工程影响. 海洋地质前沿, 27(8): 46-52.

李烈荣. 2000. 完善地质灾害预预警体系. 国土资源报(地矿版), 2000-04-29(3).

李培英, 杜军, 刘乐军, 等. 2007. 中国海岸带灾害地质特征及评价. 北京: 海洋出版社.

李培英, 刘乐军, 杜军, 等. 2014. 我国近海海洋地质灾害. 中国科技成果, 15(4): 59-60.

李萍, 杜军, 刘乐军, 等. 2010. 我国近海海底浅层气分布特征. 中国地质灾害与防治学报, 21(1): 69-74.

李日辉. 2003. 加拿大的海洋地质灾害调查与研究. 海洋地质动态, 19(1): 11-13.

李泽文, 阎军, 栾振东, 等. 2010. 海南岛西南海底沙波形态和活动性的空间差异分析. 海洋地质动态, 26(7): 24-32.

李振, 彭华, 马秀敏, 等. 2018. 琼州海峡古河道及其工程地质评价. 工程地质学报, 26(4): 1016-1024.

廖育民. 2003. 地质灾害预报预警与应急指挥及综合防治务实全书. 哈尔滨: 哈尔滨地图出版社.

蔺爱军, 胡毅, 林桂兰, 等. 2017. 海底沙波研究进展与展望. 地球物理学进展, 32(3): 1366-1377.

刘楚桐. 2019. 深水钻井浅层地质灾害及井控措施研究. 云南化工, 46(7): 30-31.

刘锋. 2010. 南海北部陆坡天然气水合物分解引起的海底滑坡与环境风险评价. 青岛: 中国科学院海洋研究所.

刘光鼎. 1992. 南海新生代地质特征及油气分布控制因素. 中国海区及邻域地质地球物理特征. 北京: 科学技术出版社.

刘杰, 苏明, 乔少华, 等. 2016. 珠江口盆地白云凹陷陆坡限制型海底峡谷群成因机制探讨. 沉积学报, 34(5): 940-950.

刘杰, 高伟, 李萍, 等. 2018. 深海滑坡研究进展及我国南海海底稳定性研究的现状与思考. 工程地质学报, 26(增): 120-127.

刘乐军, 李培英, 李萍, 等. 2004. 加拿大COSTA计划简介. 海洋科学进展, 22(2): 233-239.

刘乐军, 傅命佐, 李家钢, 等. 2014. 荔湾3-1气田海底管道深水段地质灾害特征. 海洋科学进展, 32(2): 162-174.

刘乐军, 徐元芹, 高伟, 等. 2015. 中国海岛典型地质灾害类型特征. 北京: 海洋出版社.

刘凌峰. 窦宇宏, 李厚坤. 2014. 海洋观测网运行状态监控系统设计与研究. 第一届海洋防灾减灾学术交流会.

刘世昊, 丰爱平, 李平, 等. 2013. 黄河三角洲滨浅海50 m以浅埋藏古河道浅析. 海岸工程, 32(4): 22-30.

刘守全, 刘锡清, 王圣洁, 等. 2000. 南海灾害地质类型及分区. 中国地质灾害与防治学报, 4: 39-44.

刘锡清, 庄克琳, 周永青, 等. 2006. 中国海洋环境地质学, 北京: 海洋出版社.

刘兴健, 唐得昊, 阎贫, 等. 2017. 南海白云凹陷东侧巨型麻坑中自生碳酸盐岩的特征及其地质意义. 海洋地质与第四纪地质, 37(6): 119-127.

刘以宣. 1994. 南海新构造与地壳稳定性. 北京: 科学出版社.

刘以宣, 詹文欢, 陆成斌. 1992. 华南沿海地质灾害类型、发育规律及防治对策. 热带海洋, 11(2): 8.

刘振夏. 1996. 中国陆架潮流沉积研究新进展. 地球科学进展, 11(4): 414-416.

刘振夏, 夏东兴. 2004. 中国近海潮流沉积沙体. 北京: 海洋出版社.

刘忠臣, 刘保华, 黄振宗, 等. 2005. 中国近海及邻近海域地形地貌. 北京: 海洋出版社.

柳保军, 袁立忠, 申俊, 等. 2006. 南海北部陆坡古地貌特征与13.8 Ma以来珠江深水扇. 沉积学报, 24(4): 476-482.

柳源. 1999. 论地质灾害的基本属性. 中国地质灾害与防治学报, 10(3): 15-18.

栾锡武, 彭学超, 王英民, 等. 2010. 南海北部陆架海底沙波基本特征及属性. 地质学报, 84(2): 233-245.

罗进华, 朱友生, 张宝平, 等. 2013. 深拖系统在南海深水工程勘察中的应用. 物探装备, 23(6): 393-396.

罗敏, 吴庐山, 陈多福. 2012. 海底麻坑研究现状及进展. 海洋地质前沿, 28(5): 33-42.

罗伟东, 周娇, 李学杰, 等. 2018. 南海海盆盆西峡谷的形态与结构及形成演化. 地球科学, 48(6): 2172-2183.

马胜中, 陈太浩. 2006. 珠江口近岸海洋地质灾害类型. 广东地质, 21(4): 13-21.

马寅生, 张业成, 张春山, 等. 2004. 地质灾害风险评价的理论与方法. 地质力学学报, 10(1): 7-18.

马英杰, 姚嘉瑞. 2019. 基于人类命运共同体的我国海洋防灾减灾体系建设. 海洋科学, 43(3): 105-114.

马云, 李三忠, 夏真, 等. 2014. 南海北部神狐陆坡区灾害地质因素特征. 地球科学: 中国地质大学学报, 39(9): 1364-1372.

马云, 孔亮, 梁前勇, 等. 2017. 南海北部东沙陆坡主要灾害地质因素特征. 地学前缘, 24(4): 102-111.

毛凯楠, 解习农. 2014. 深水峡谷体系研究现状及其地质意义. 地质科技情报, 33(2): 21-27.

年永吉, 朱友生, 陈强, 等. 2014. 流花深水区块典型滑坡特征的研究与认识. 地球物理学进展, 29(3): 1412-1417.

聂鑫, 罗伟东, 周娇. 2017. 南海东北部澎湖峡谷群沉积特征. 海洋地质前沿, 33(8): 16-23.

彭学超, 吴庐山, 崔兆国, 等. 2006. 南海东沙群岛以北海底沙波稳定性分析. 热带海洋学报, 25(3): 21-27.

秦志亮, 孙思军, 谭骏, 等. 2014. 西沙群岛海域海洋地质灾害现状与对策. 海洋开发与管理, 9: 12-16.

任金锋, 孙鸣, 韩冰. 2021. 南海南沙海槽大型海底滑坡的发育特征及成因机制. 地球科学, 46(3): 1058-1071.

沙志彬, 杨木壮, 梁劲, 等. 2003. 南海北部陆坡海底异常地貌特征与天然气水合物的关系. 南海地质研究, (14): 29-34.

单红仙, 沈泽中, 刘晓磊, 等. 2017. 海底沙波分类与演化研究进展. 中国海洋大学学报, 47(10): 73-82.

尚久靖, 沙志彬, 梁金强, 等. 2013. 南海北部陆坡某海域浅层气的声学特征及其对水合物勘探指示意义. 海洋地质动态, 29(10): 23-30.

沈泽中, 贾永刚, 张少同, 等. 2017. 海底沙波迁移过程原位观测简易装置设计与试验. 海洋工程, 35(6): 94-100.

施小斌, 丘学林, 夏戡原, 等. 2003. 南海热流特征及其构造意义. 热带海洋学报, 22(2): 63-73.

苏明, 解习农, 王振峰, 等. 2013. 南海北部琼东南盆地中央峡谷体系沉积演化. 石油学报, 34(3): 467-478.

苏明, 沙志彬, 匡增桂, 等. 2015. 海底峡谷侵蚀-沉积作用与天然气水合物成藏. 现代地质, 29(1): 155-162.

孙金龙, 徐辉龙, 詹文欢, 等. 2012. 南海北部陆缘地震带的活动性与发震机制. 热带海洋学报, 31(3): 40-47.

孙启良. 2011. 南海北部深水盆地流体逸散系统与沉积物变形. 青岛: 中国科学院海洋研究所.

孙湘平. 1995. 中国的海洋. 北京: 商务印书馆.

孙永福, 王琮, 周其坤, 等. 2018. 海底沙波地貌演变及其对管道工程影响研究进展. 海洋科学进展, 36(4): 488-498.

孙运宝, 吴时国, 王志君, 等. 2008. 南海北部白云大型海底滑坡的几何形态与变形特征. 海洋地质与第四纪地质, 28(6): 69-77.

汪品先, 夏伦煜, 王律江, 等. 1991. 南海西北陆架的海相更新统下界. 地质学报, (2): 176-168.

王海平, 李春雷, 焦叙明, 等. 2016. 海底及浅层地质灾害的高分辨率地震预测技术. 工程地球物理学报, 13(6): 694-700.

王俊勤, 张广旭, 陈端新, 等. 2018. 琼东南盆地陵水研究区海底地质灾害类型、分布和成因机制. 海洋地质与第四纪地质, 39(4): 86-95.

王丽琳, 薛佳丽, 龚茂. 2016. 东海区海洋观测预报减灾信息共享技术研究及框架设计. 海洋通报, 35(4): 449-456.

王尚毅, 李大鸣. 1994. 南海珠江口盆地陆架斜坡及大陆坡海底沙波动态分析. 海洋学报, 16(6): 122-132.

王伟伟, 范奉鑫, 李成钢, 等. 2007. 海南岛西南海底沙波活动及底床冲淤变化. 海洋地质与第四纪地质, 27(4): 23-28.

王霄飞, 李三忠, 龚跃华, 等. 2014. 南海北部活动构造及其对天然气水合物的影响. 吉林大学学报(地球科学版), 44(2): 418-431.

王叶剑, 韩喜球, 罗照华, 等. 2009. 晚中新世南海珍贝-黄岩海山岩浆活动及其演化: 岩石地球化学和年代学证据. 海洋学报, 31(4): 93-102.

王一凡, 苏正, 苏明, 等. 2017. 南海北部陆坡神狐海域沉积物失稳类型探讨. 海洋地质与第四纪地质, 37(5): 184-194.

王玉宾, 吴自银, 尚继宏, 等. 2020. 南海东北部峡谷体系的地貌特征与发育控制因素. 海洋学报, 42(11): 62-74.

魏柏林, 陈仁法, 黄日恒. 2000. 广东省地震构造概论. 北京: 地震出版社.

吴嘉鹏, 王英民, 徐强. 2011. 珠江口盆地白云凹陷海底峡谷沉积模式. 海洋地质前沿, 27(8): 26-31.

吴建政, 胡日军, 朱龙海, 等. 2006. 南海北部海底沙波研究. 中国海洋大学学报(自然科学版), 36(6): 1018-1023.

吴庐山, 鲍才旺. 2000. 南海东北部海底潜在地质灾害类型及其特征. 南海地质研究, (12): 87-101.

吴时国, 陈珊珊, 王志君, 等. 2008. 大陆边缘深水区海底滑坡及其不稳定性风险评估. 现代地质, 22(3): 430-437.

吴时国, 龚跃华, 米立军, 等. 2010. 南海北部深水盆地油气渗漏系统及天然气水合物成藏机制研究. 现代地质, 24(3): 433-440.

吴时国, 孙运宝, 李清平, 等. 2019. 南海深水地质灾害. 北京: 科学出版社.

吴中海. 2019. 活断层的定义与分类——历史、现状和进展. 地球学报, 40(5): 661-697.

夏东兴, 王文海, 武桂秋, 等. 1993. 中国海岸侵蚀述要. 地理学报48(5): 468-476.

夏东兴, 吴桑云, 刘振夏, 等. 2001. 海南东方岸外海底沙波活动性研究. 黄渤海海洋, 19(1): 16-24.

夏华永, 刘愉强, 杨阳. 2009. 南海北部沙波区海底强流的内波特征及其对沙波运动的影响. 热带海洋学报, 28(6): 15-22.

夏伦煜, 麦文, 赖霞红, 等. 1989. 莺歌海-琼东南盆地第四纪初步研究. 中国海上油气, 2(3): 21-28.

夏少红, 丘学林, 赵明辉, 等. 2008. 香港地区海陆地震联测及深部地壳结构研究. 地球物理学进展, 23(5): 1389-1397.

夏真, 郑涛, 庞高存. 1999. 南海北部海底地质灾害因素. 热带海洋学报, 18(4): 91-95.

夏真, 林进清, 郑志昌, 等. 2004. 深圳大鹏湾海洋地质环境综合评价. 北京: 地质出版社.

夏真, 郑志昌, 林进清. 2005. 大鹏湾海洋地质环境与地质灾害综合分析. 中国地质, 32(1): 148-154.

夏真, 马胜中, 石要红, 等. 2006. 伶仃洋海底浅层气的基本特征. 第四纪研究, 26(3): 456-461.

夏真, 林进清, 郑志昌, 等. 2015. 珠江口近岸海洋地质环境综合研究. 北京: 科学出版社.

谢先德, 朱照宇, 覃慕陶, 等. 2003. 广东沿海地质环境与地质灾害. 广州: 广东科技出版社.

修宗祥, 刘乐军, 李西双, 等. 2016. 荔湾3-1气田管线路由海底峡谷段斜坡稳定性分析. 工程地质学报, 24(4): 535-541.

徐景平. 2014. 海底浊流研究百年回顾. 中国海洋大学学报, 44(10): 98-105.

徐尚, 王英民, 彭学超, 等. 2013. 台湾峡谷中段沉积特征及流体机制探讨. 地质论评, 59(5): 845-852.

徐元芹, 刘乐军, 李培英, 等. 2015. 我国典型海岛地质灾害类型特征及成因分析. 海洋学报, 37(9): 71-83.

许东禹, 刘锡清, 张训华, 等. 1997. 中国近海地质. 北京: 地质出版社.

阎贫, 刘海龄. 2005. 南海及其周缘中新生代火山活动时空特征与南海的形成模式. 热带海洋学报, 24(2): 33-41.

颜文涛, 陈建文, 范德江, 等. 2006. 海底滑坡与天然气水合物之间的相互关系. 海洋地质动态, 22(12): 38-40.

杨木壮, 梁修权, 王宏斌, 等. 2000. 南海北部湾海洋工程地质特征. 海洋地质与第四纪地质, 4: 47-52.

杨蜀颖, 方念乔, 杨胜雄, 等. 2011. 关于南海中央次海盆海山火山岩形成背景与构造约束的再认识. 地球科学: 中国地质大学学报, 36(3): 455-470.

杨文达, 张异彪, 李斌. 2011. 南海琼东南深水海区地质灾害类型与特征口. 海洋石油, 31(1): 1-7.

杨肖迪, 马瑞民, 罗小桥, 等. 2020. 海底浅层气探测识别方法研究. 海岸工程, 39(3): 187-195.

杨志力, 王彬, 李丽, 等. 2019. 南海西沙海域天然气水合物识别与分布预测. 重庆科技学院学报(自然科学版), 21(4): 33-38.

杨志力, 王彬, 李丽, 等. 2020. 南海中建海域麻坑发育特征及成因机制. 海洋地质前沿, 36(1): 42-49.

杨子赓. 2000. 海洋地质学. 青岛: 青岛出版社.

叶银灿. 2011. 海洋灾害地质学发展的回顾及前景展望. 海洋学研究, 29(4): 1-7.

叶银灿, 宋连清, 陈锡土. 1984. 东海海底不良工程地质现象分析. 东海海洋, 2(3): 30-35.

叶银灿, 陈俊仁, 潘国富, 等. 2003. 海底浅层气的成因、赋存特征及其对工程的危害. 东海海洋, 21(1): 26-36.

叶银灿, 庄振业, 来向华, 等. 2004. 东海扬子浅滩砂质底形研究. 中国海洋大学学报(自然科学版), 34(6): 1057-1062.

叶银灿, 来向华, 刘杜娟, 等. 2011. 中国海域灾害地质区划初步探讨. 中国地质灾害与防治学报, 22(4): 102-107.

叶银灿, 李全兴, 陈锡土, 等. 2012. 中国海洋灾害地质学. 北京: 海洋出版社.

伊善堂, 胡小三, 罗宗杰, 等. 2020. 南海北部陆坡一统峡谷群地貌特征及控制因素分析. 海洋地质前沿, 36(4): 18-26.

殷绍如, 王嘹亮, 郭依群, 等. 2015. 东沙海底峡谷的地貌沉积特征及成因. 中国科学: 地球科学, 45(3): 275-289.

余丰华, 刘正华, 夏跃珍, 等. 2015. 基于敏感指数主成分分析法的浙江沿海突发性地质灾害易发区评价. 灾害学, 30(4): 64-68.

余威, 吴白银, 周洁琼, 等. 2015. 台湾浅滩海底沙波精细特征, 分类与分布规律. 海洋学报, 37(10): 11-25.

曾成开, 王小波. 1987. 南海海盆中的海山海丘及其成因. 东海海洋, Z1: 7-15.

詹文欢, 刘以宣, 钟建强, 等. 1995. 南海南部活动断裂与灾害性地质初步研究. 海洋地质与第四纪地质, 15(3): 1-9.

詹文欢, 钟建强, 刘以宣. 1996. 华南沿海地质灾害. 北京: 科学出版社.

詹文欢, 孙宗勋, 唐诚, 等. 2004a. 华南滨海断裂带及其对台湾海峡地震活动的控制作用. 热带海洋学报, 23(4): 18-24.

詹文欢, 孙宗勋, 朱俊江, 等. 2004b. 莺歌海盆地断裂活动与地质灾害分析. 水文地质工程地质, 4: 41-44.

张洪运, 庄丽华, 阎军, 等. 2017. 南海北部东沙群岛西部海域的海底沙波与内波的研究进展. 海洋科学, 41(10):9.

张虎男, 陈伟光. 1983. 泉州一汕头地震带与菲律宾板块. 地震, 5: 23-26.

张虎男, 陈伟光, 黄坤荣. 1983. 泉州一汕头地震带的地震构造特征. 华南地震, 3(S1): 11-17.

张伙带, 朱本铎, 关永贤, 等. 2017. 基于多波束数据的南海海盆洋壳区海山地形特征. 海洋地质与第四纪地质, 37(6): 149-157.

张田升, 吴自银, 赵荻能, 等. 2019. 南海礼乐盆地海底麻坑地貌及成因分析. 海洋学报, 41(3): 106-120.

赵广涛, 谭肖杰, 李德平. 2011. 海洋地质灾害研究进展. 海洋湖沼通报, 1: 159-164.

赵明辉, 丘学林, 叶春明, 等. 2004. 南海东北部海陆深地震联测与滨海断裂带两侧地壳结构分析. 地球物理学报, 47(5): 845-852.

赵明辉, 丘学林, 徐辉龙, 等. 2006. 华南海陆过渡带的地壳结构与壳内低速层. 热带海洋学报, 25(5): 36-42.

周波, 杨进, 张百灵, 等. 2012. 海洋深水浅层地质灾害预测与控制技术. 海洋地质前沿, 28(1): 51-54.

周川, 范奉鑫, 栾振东, 等. 2013. 南海北部陆架主要地貌特征及灾害地质因素. 海洋地质前沿, 29(1):51-60.

周其坤, 孙永福, 胡光海, 等. 2018. 南海北部海底沙波迁移规律及其在台风作用下的响应研究. 海洋学报, 40(9): 76-89.

朱超祁, 贾永刚, 刘晓磊, 等. 2015. 海底滑坡分类及成因机制研究进展. 海洋地质与第四纪地质, 35(6): 153-163.

朱林, 傅命佐, 刘乐军, 等. 2014. 南海北部白云凹陷陆坡海底峡谷地形地貌与沉积地层特征. 海洋地质与第四纪地质, 34(2): 1-9.

朱友生. 2017. 南海北部陆架边缘区域地质灾害类型特征及分布规律. 中国海上油气, 29(3): 106-115.

祝嵩, 姚永坚, 罗伟东, 等. 2017. 南海中西部地貌单元划分及其特征和成因分析. 地球学报, 38(6): 896-909.

祝有海, 张光学, 卢振权, 等. 2001. 南海天然气水合物成矿条件与找矿前景. 石油学报, 22 (5): 6-10.

庄振业, 林振宏, 周江, 等. 2004. 陆架沙丘(波)形成发育的环境条件. 海洋地质动态, 20(4): 5-10.

庄振业, 曹立华, 刘升发, 等. 2008. 陆架沙丘(波)活动量级和稳定性标志研究. 中国海洋大学学报(自然科学版), 38(6): 1001-1007.

Allen J. 1980. Sand waves: a model of origin and internal structure. Sedimentary Geology, 26(4): 281-328.

Allen J. 1982. Simple models for the shape and symmetry of tidal sand waves: (2) dynamically stable symmetrieal equilibrium forms. Marine Geology, 48(1-2): 51-73.

Alteriis G D, Insinga D D, Morabito S, et al. 2010. Age of submarine debris avalanches and tephrostratigraphy offshore Ischia Island, Tyrrhenian Sea, Italy. Marine Geology, 278(1-4): 1-18.

Argent P J. 2007. Mega-pockmarks and linear pockmark trains on the West African continental margin. Marine Geology, 244(4): 15-32.

Ashley G M. 1990. Classification of large-scale subaqueous bedform: new look at old problem. Journal of sedimentary Petrology, 60(1): 160-172.

Awata Y, Mizuno K, Sugiyama Y, et al. 1995. Surface faults associated with the Hyogo-ken Nanbu Earthquake of 1995. Chishitsu News, 486: 16-20.

Bao J J, Cai F, Ren J Y, et al. 2014. Morphological characteristics of sand waves in the middle Taiwan Shoal based on multi-beam data analysis. Acta Geologica Sinica, 88(5): 1499-1512.

Barckhausen U, Engels M, Franke D, et al. 2015. Reply to Chang et al. 2014, Evolution of the South China Sea: revised ages for breakup and seafloor spreading. Marine and Petroleum Geology, 59:679-681.

Bea R G. 1971. How sea floor slides affect offshore structures. Oil and Gas Journal, 69(48): 86-92.

Bouriak S, Vanneste M, Saoutkine A. 2000. Inferred gas hydrates and clay diap irs near the storegga slide on the southern edge of the Voring Plateau, offshore Norway. Marine Geology, 163(1-4): 125-148.

Boyd R, Ruming K, Goodwin I, et al. 2008. Highstand transport of coastal sand to the deep ocean: a case study from Fraser Island, Southeast Australia. Geology, 36: 15-18.

Canals M, Lastras G, Urgeles R, et al. 2004. Slope failure dynamics and impacts from seafloor and shallow sub-seafloor geophysical data: case studies from the COSTA project. Marine Geology, 213(1-4): 9-72.

Carpenter G B, Mcarthy J C. 1980. Hazards analysis on the Atlantic outer continental shelf. Proceedings of the Annual Offshore Technology Conference, 1.

Casalbore D, Ridente D, Bosnian A, et al. 2011. The Italian magic project: a first-order geohazard assessment by means of regional seafloor mapping. Hydro International, 15(3): 24-25, 27.

Cathles L M, Zheng S, D Chen. 2010. The physics of gas chimney and pockmark formation, with implications for assessment of sea floor hazards and gas sequestration. Marine and Petroleum Geology, 27(1): 82-91.

Chiocci F L, De Alteriis G D. 2006. The Ischia debris avalanche: first clear submarine evidence in the Mediterranean of a volcanic Island pre-historic collapse. Terra Nova, 18(3): 162-180.

Chiocci F L, Ridente D. 2011. Regional-scale seafloor mapping and geohazard assessment, the experience from the Italian project

MAGIC (Marine Geohazards along the Italian Coasts). Marine Geophysical Research, 32(1): 13-23.

Chiocci F L, Cattaneo A, Urgeles R. 2011. Seafloor mapping for geohazard assessment: state of the art. Marine Geophysical Research, 32(1-2): 1-11.

Cronin B T, Akhmetzhanov A M, Mazzini A, et al. 2005. Morphology, evolution and fill: implications for sand and mud distribution in filling deepwater canyons and slope channel complexes. Sedimentary Geology, 179(1-2): 71-97.

Daniell J J, Hughes M. 2007. The morphology of barchans-shaped sand banks from western Torres Strait, northern Australia. Sedimentary Geology, 202(4): 636-652.

Dott J R. 1963. Dynamics of subaqueous gravity depositional processes. AAPG Bulletin, 47(1): 104-128.

Drake D E, Kolpack R L, Fischer P J .1972. Sediment transport on the Santa Barbara—Oxnard shelf, Santa Barbara Channel, California. In: Swift D J P, Duane D B, Pilkey O H (eds). Shelf Sediment Transport—Process and Pattern. Dowden, Hutchinson and Ross, Stroudsberg: 307-331.

Flemming B W. 1988. Zur Klassifikation subaquatischer, strömungstransversaler Transportkörper. Bochumer geologische and geotechnische arbeiten, 29: 44-47.

Games K P, Gordon D I. 2015. Study of sand wave migration over five years as observed in two windfarm development areas, and the implications for building on moving substrates in the North Sea. Earth and Environmental Science Transactions of the Royal Society of Edinburgh, 105(4) : 241-249.

Gao S, Collins M B. 1997. Changes in sediment transport rates caused by wave action and tidal flow time-asymmetry. Journal of Coastal Research, 13(1): 198-201.

Garlan T. 2009. GIS and mapping of moving marine sand dunes. Proceedings of the 24th International Cartographic Conference, Chile: The Military Geographic Institute.

Haflidason H, Sejrup H P, Bryn P, et al. 2001. The Storegga Slide: chronology and flow mechanism. European Union of Geosciences, Continental Slope Stability (COSTA) of Ocean Margins-Achievements and Challenges, Strasbourg, France, April 8-12, 2001:740.

Harinarayana T, Hirata N. 2005. Destructive earthquake and disastrous tsunami in the Indian Ocean, what next? Gondwana Research, Gondwana Newsletter Section, 8(2): 246-257.

Harris P T, Baker E K. 2012. Seafloor Geomorphology as Benthic Habitat: GeoHAB Atlas of Seafloor Geomorphic Features and Benthic Habitats. Amsterdam: Elsevier.

Harris P T, Whitewav T. 2011. Global distribution of large submarine canyons: geomorphic differences between active and passive continental margins. Marine Geology, 285(1-4): 69-86.

He E , Zhao M , Qiu X , et al. 2016. Crustal structure across the post-spreading magmatic ridge of the East Sub-basin in the South China Sea: Tectonic significance. Journal of Asian Earth Sciences, 121(may1):139-152.

Hovland M, Gardner J V, Judd A G. 2002. The significance of pockmarks to understanding fluid flow processes and geohazards. Geofluids, 2(2): 127-136.

Hovland M, Heggland R, De Vries M H, et al. 2010. Unit-pockmarks and their potential significance for predicting fluid flow. Marine and Petroleum Geology, 27(6): 1190-1199.

Hsu S K, Tsai C H, Ku C Y, et al. 2009. Flow of turbidity currents as evidenced by failure of submarine telecommunication cables. International Conference on Seafloor Mapping for Geohazard Assessment, Rendiconti online: Societd Geologica Italiana: 166-171.

Hsueh Chao-min, Willam D. 1996. Diagenesis of organic materials and day minerals in the Neogene sediments of western Taiwan.

Petroleum Geology of Taiwan, 21: 129-171.

Huhn K, Arroyo M, Cattaneo A. 2020. Modern submarine landslide complexes: a short review. In: Ogata K, Festa A, Pini G A (eds). Submarine Landslides Subaqueous Mass Transport Deposits from Outcrops to Seismic Profiles. Washington D C, Hoboken: the American Geophysical Union and John Wiley and Sons, Inc: 183-200.

Iacono C L, Sulli A, Agate M. 2014. Submarine canyons of north-western Sicily (Southern Tyrrhenian Sea): variability in morphology, sedimentary processes and evolution on a tectonically active margin. Deep-Sea Research Ⅱ, Topical Studies in Oceanography, 104(2): 93-105.

Jobe Z R, Lowe D R, Uchytil S J. 2011. Two fundamentally different types of submarine canyons along the continental margin of Equatorial Guinea. Marine and Petroleum Geology 28(3): 843-860.

Judd A, Hovland M. 2009. Seabed Fluid Flow: the Impact of Geology, Biology and the Marine Environment. Cambridge: Cambridge University Press.

Lawson A C. 1908. The California earthquake of April 18, 1906. The State Earthquake Investigation Commission, Parts 1 and 2, Washington: Carnegie Institution of Washington: 87, 451.

Locat J, Lee H J. 2002. Submarine landslides: advances and challenges. Canadian Geotechnical Journal, 39: 193-212.

Locat J, Bornhold B, Hart B, et al. 2001. COSTA-Canada, a Canadian contribution to the study of continental slope stability: an overview. Proceedings of the 54rd Canadian Geotechnical Conference, Calgary, Canada: 730-737.

Luan X W, Peng X C, Wang Y M, et al. 2010. Activity and formation of sand waves on Northern South China Sea shelf. Journal of Earth Science, 21(1): 55-70.

Luan X W, Zhang L, Peng X C. 2012. Dongsha erosive channel on northern South China Sea shelf and its induced Kuroshio South China Sea branch. Science China (Earth Sciences), 55(1): 149-158.

Maslin M, Mikkelsen N. 1998. Sea-level and gas hydrate controlled catastrophic sediment failure of the Amazon Fan. Geology, 26(12): 1107-1110.

McIntosh K, Nakamura Y, Wang T K, et al. 2005. Crustal-scale seismic profiles across Taiwan and the western Philippine Sea. Tectonophysics, 401: 23-54.

Mienert J. 2004. COSTA-continental slope stability: major aims and topics, special issue. Marine Geology, 213: 1-7.

Mulder T, Cochonat P. 1996. Classification of offshore mass movements. Journal of Sedimentary Research, 66(1): 43-57.

Nardin T R, Hein F J, Gorsline D S, et al. 1979. A review of mass movement processes sediment and acoustic characteristics, and contrasts in slope and base-of-slope systems Versus Canyon fan-basin-floor systems. Special Publications of SEPM, (27): 6-73.

Petter B, Kjell B, Forsherg C F, et al. 2005. Explaining the Storegga Slide. Marine and Petroleum Geology, 22: 11-19.

Pettijohn F J, Potter P E, Siever R. 1972. Sand and Sandstone. New York: Springer.

Pyles D R, Tomasso M, Jennette D C. 2012. Flow processes and sedimentation associated with erosion and filling of sinuous submarine channels. Geology, 40(2): 143-146.

Saller A, Dharmasamadhi I N W. 2012. Controls on the development of valleys, canyons, and unconfined channel-levee complexes on the Pleistocene Slope of East Kalimantan, Indonesia. Marine and Petrol Geology, 29: 15-34.

Shanmugam G. 2015. The landslide problem. Journal of Palaeogeography, 4(2): 109-166.

Shepard F P. 1965. Types of submarine valleys. AAPG Bull, 49: 304-310.

Shepard F P. 1981. Submarine Canyons: multiple causes and long-time persistence. Bulletin of the Americam Association of

Petroleum Geologists, 65: 1062-1077.

Sun Q, Wu S, Cartwright J, et al. 2013. Focused fluid flow systems of the Zhongjiannan Basin and Guangle Uplift, South China Sea. Basin Research, 25(1): 97-111.

Sun Q, Wu S, Hovland M, et al. 2011. The morphologies and genesis of mega-pockmarks near the Xisha Uplift, South China Sea. Marine and Petroleum Geology, 28(6): 1146-1156.

Todd B J. 2005. Morphology and composition of submarine barehans dunes on the Seotian Shelf, Canadian Ailantie margin. Geomorphology, 67(3-4): 486-500.

Wang P, Prell W L, Blum P. 2000. Proceedings of the Ocean Drilling Program, Initial Reports. College Station, TX, 183:1-77.

Willis B. 1923. Fault map of California; faults of the Coast Ranges of California. Deans Notes, 15(28): 258-259.

Wood H O. 1916. The earthquake problem in the western United State. Bulletin of the Seismological Society of America, 6: 181-217.

Xiu Z, Liu L, Xie Q, et al. 2015. Runout prediction and dynamic characteristic analysis of a potential submarine landslide in Liwan 3-1 gas field. Journal of Ocean University of China, (34): 116-122.

Xu Y Q, Liu L, Zhou H, et al. 2018. Submarine landslide identified in DLW102 core of the northern continental slope, South China Sea. Journal of Ocean University of China, 17(1): 147-155.

Yang T T, Luan X W, Wang B, et al. 2017. Seismic evidence and formation mechanism of gas hydrates in the Zhongjiannan Basin, western margin of the South China Sea. Marine and Petroleum Geology, 84: 274-288.

Yu H, Chiang C, Shen S. 2009. Tectonically active sediment dispersal system in SW Taiwan margin with emphasis on the Gaoping (Kaoping) Submarine Canyon. Journal of Marine Systems, 76 (4): 369-382.